STEEL HOUSE

신주거문화 스틸하우스

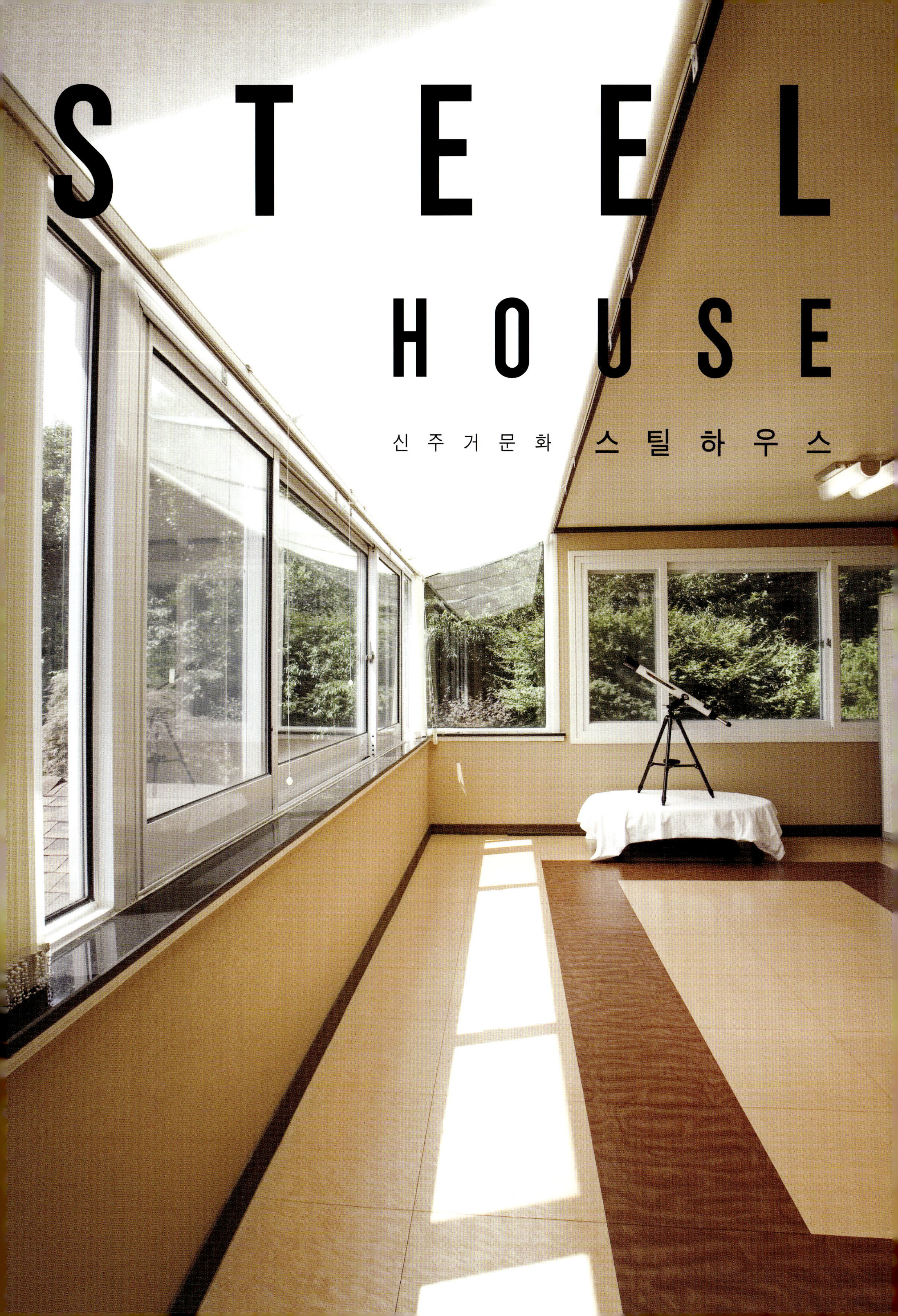

신주거문화 - 스틸하우스

editorial KSEA (Korea Steelhouse Engineer Association)
First published in the Korea in 2007
Under the title STEEL HOUSE by Spacetime Publisher
120-796 5F Kukdong Bldg #200 Hyunjeo-dong, Seodaemun-ku, Seoul, Korea
TEL. 82-2-3147-1212 · 2626 FAX. 82-2-3147-2626
www.spacetime.co.kr | spacetime@korea.com

ISBN 978-89-5592-089-X

1판 발행일 2007년 11월 31일 발행

저 자_한국스틸하우스기술인협회
발행인_김기현
이 사_박종호
발행처_시공문화사
등 록_1993년 3월 12일
주 소_120-796 서울시 서대문구 현저동 200 극동 5층
전 화_02) 3147-1212, 2323
전 송_02) 3147-2626
http://www.spacetime.co.kr
spacetime@korea.com

정가 45,000원

Printed and bound in Korea

STEEL HOUSE

신 주 거 문 화 **스 틸 하 우 스**

책을 내면서
PROLOGUE

어느 사이인가 우리 주변에서 L앙카나 MAS 등 스틸하우스의 디테일 철물들이 사라져가기 시작했다. 디테일한 부분 보다는 인테리어와 익스테리어 등 눈에 보이는 부분만을 중시하는 경향이 커진 듯하다.

이러다보니 세심하게 들여다보고 완벽하게 마무리하려는 노력이 상대적으로 소홀해진 것이 아닌가 하는 생각도 든다.

뭔가 스케일 있고 폼 나게 시공을 시작하지만 보이지 않는 부분에서는 대충대충 건너뛰는 경우가 간간이 목격되곤 한다. 하나하나 치열하게 따져 보고 세심하게 챙겨보는 것을 사소한 것에 신경 쓰는것으로 치부해 버리는 경우도 허다하다. 필자가 경험했던 많은 스틸하우스 현장에서 며칠 밤낮으로 고생하며 준비한 스틸하우스 시공이 작은 실수 하나로 그르치게 되는 경우를 너무도 많이 보아왔다. 사소한 시공 디테일 하나를 빠뜨려 시공중이던 스틸하우스가 도매금으로 매도당하는 경우도 있었다. 대부분은 미리 챙기고 체크해 보았다면 충분히 예방할 수 있었던 것들이다.

名品 스틸하우스의 완성은 대충대충, 적당적당의 달콤한 유혹을 뿌리치고 자신이 맡은 시공 파트에서 꼼꼼하고 성실히 시공했을 때만이 완성되는 것이다.

현재 스틸하우스 산업은 인터넷의 발달로 인해 이른바 과거의 명품 기술이 평준화되는 시점에 이르고 있다. 또한 기술의 변화 속도가 매우 빨라 어제의 기술적 우위를 계속 유지하는 것이 쉽지 않다. 또한 기술 그 자체만으로 경쟁자의 진입을 저지할 장벽을 갖추는 것이 매우 어렵고, 마케팅 전략 또한 곧 모방의 대상이 되고 말아 거시적인 면에서 경쟁자와 큰 차별을 느끼게 하기 어렵다. 이런 상황에서 스틸하우스 사업의 승패는 결국 누가 더 스틸하우스 고객의 요구사항을 세심하게 잘 파악하고, 꼼꼼하게 관리하며, 더 완벽한 결과물을 제공할 수 있느냐에 달려 있다고 할 수 있다.

'2% 부족' 이 아닌 '2% 충족' 의 명품 스틸하우스는 열정은 열정대로 폭발시키면서도 세심함과 치열함으로 맡은 바 시공 분야에서 명품 스틸하우스를 만들어가는 진정한 명품 스틸빌더로서의 모습을 갖춰나갈 때만이 완성 될 수 있을 것이다.

이 지면을 빌어 금번 화보집의 발간에 많은 자료와 정보를 제공해주신 한국스틸하우스기술인협회의 조인환 부회장님, 김태영 감사님, 이성원 이사님 , 성정오 회원님과 최명수 회원님께 감사의 말을 전한다. 그리고 바쁜 시간을 쪼개어 화보집을 감수해주신 네스틸 림성균 선생님과 시공문화사 김기현 사장님, 몇 날 몇 칠 밤을 새며 편집과 디자인에 힘써주신 이순학 실장님께도 뜨거운 감사의 말을 전한다. 특히 화보집의 편집 때문에 가족들에게 소홀했음에도 따뜻하게 격려해 준 사랑하는 나의 아내와 동희, 명석에게 이 지면을 빌어 진심어린 고마움을 전하고자 한다.

한국스틸하우스기술인협회 회장 고 용 규

C O N T E N T S

[이론편]

한국형 정통 스틸하우스의 원리와 이해 010

숨 쉬는 한국형 정통스틸하우스 시스템 018

스틸하우스에 있어 名品이란 무엇인가? (1), (2) 022

스틸하우스와 이중급수파이프 배관시스템의 도입과 적용 036

[작품편]

목도리 전원주택 | 삼진스틸하우스
Mokdo-ri housing 044

가암리 전원주택 | 삼진스틸하우스
Gaam-ri housing 052

포시즌 펜션 | 삼진스틸하우스
Four-Season Pension 058

조곡동 전원주택 | 삼진스틸하우스
Jokok-dong housing 066

판교리 전원주택 | 삼진스틸하우스
Pangyo-ri housing 072

청호리 전원주택 | 삼진스틸하우스
Cheong-ho-ri housing 080

다시면 전원주택 | 삼진스틸하우스
Dasi-myeon housing 084

대방리 전원주택 | 삼진스틸하우스
Daebang-ri housing 090

모전동 전원주택 | 삼진스틸하우스
Mojeon-dong housing 096

목동 전원주택 | 경기스틸하우징
Mokdong housing 102

초월 전원주택 | 경기스틸하우징
Cho-weol housing 110

조원동 전원주택 | 경기스틸하우징
Jowon-dond housing 116

동천동 전원주택 | 경기스틸하우징
Dongcheon-dong housing 124

장죽리 전원주택 | 경기스틸하우징
Jangjuk-ri housing 128

황금리 전원주택 | 경기스틸하우징
Hang-geum-ri housing 134

신둔면 전원주택 | 경기스틸하우징
Shindun-myeon housing 142

지변동 전원주택 | 신성스틸하우스
Jibyeon-dong housing 148

대진리 전원주택 | 신성스틸하우스
Daejin-ri housing 154

황청리 전원주택 | 예화주택건설
Hwangcheong-ri housing 158

용강리 전원주택_1 | 예화주택건설
Yong-gang-ri housing 164

용강리 전원주택_2 | 예화주택건설
Yong-gang-ri housing 168

관리 전원주택 | 예화주택건설
Gwan-ri housing 174

부대동 전원주택 | 예화주택건설
Budae-dong housing 180

하늘가람 펜션 | 예화주택건설
Haneul-garam Pension 186

위천리 전원주택 | 이영하우징
Wicheon-ri housing 192

[현장100대 표준기술]

한 눈으로 보는 스틸하우스100대 표준기술 200

스틸하우스 현장 100대 표준기술의 정립과 이해 212

STEEL HOUSE

스틸하우스【이론편】

한국형 정통 스틸하우스의 원리와 이해

1. 미국식 정통 스틸하우스의 정의

건축은 시대의 요구와 사회 생활상을 투영한다. 환경 친화적인 공법의 사회적 요구와 웰빙문화라는 트렌드의 변화는 건축공법에도 영향을 끼치고 1996년 도입된 스틸하우스의 폭발적인 수요를 불러일으키고 있다. 스틸하우스는 미국의 전통적인 목조주택 공법인 2 × 4 우드프레임 시스템을 사용하며, 구조재로서 목재 대신 두께 1.0mm의 내외의 표면 처리된 아연도금 강판을 'ㄷ' 형강으로 냉간성형(스틸스터드)하여 주요 구조재로 사용하는 건축물을 말한다. 스틸하우스는 3대를 물려줄 수 있을 만큼 뛰어난 단열성과 차음성, 지진과 태풍을 견딜 수 있는 내진성과 내구성을 갖춘 집으로 알려져 있다. 즉 스틸하우스는 21세기 환경 마인드를 갖춘 친환경 주택인 셈이다. 그런데 스틸하우스에 대한 인기가 높아감에 따라 국내에서 이를 틈타 스틸하우스의 표준 시공이 무시되거나 유사 스틸하우스가 범람하고 있다.

그렇다면 유사 스틸하우스란 무엇인가? 이른바 콘테이너, 조립식 등 굳이 건축 구조적으로 분류한다면 경량 철골조 공법에 해당하는 건축물을 일컬음이다. 이들 주택은 스틸스터드를 사용하지도 않을 뿐 아니라 스틸하우스의 뛰어난 단열성과 차음성, 지진과 태풍에 강한 내진성 · 내구성과는 비교의 대상 조차도 될 수 없다. 그런데 유사 스틸하우스는 스틸하우스와 똑 같은 옷을 입고 건축 소비자들을 유혹하고 있다. 바로 이 시점에서 우리가 조립식, 콘테이너, 철골조 주택과는 그 태생이 다른 미국식 정통 스틸하우스를 다시금 이슈화하는 이유인 것이다.

미국식 정통 스틸하우스란 경량 2×4 목구조와 공법은 같지만 목자재가 가지는 단점을 극복하고 스틸스터드라는 소재의 장점을 극대화한 21세기 최첨단 건축과학이 총체화 된 가장 진화된 건축 공법으로서 현대 건축 문화의 정점이라 할 수 있는 것이다.

2. 미국식 정통 스틸하우스는 업그레이드 되어야 한다.

이러한 정통 스틸하우스가 국내에 도입된지도 어언 10여년의 세월이 흘렀다. 그 동안 스틸하우스는 양적으로나 질적으로 비약적인 발전을 해왔고 업계를 이끌어 왔던 수 많은 관계자들의 끝없는 스틸하우스에 대한 연구 개발의 결과로 이제는 하나의 대표적인 건축 공법으로 빠르게 정착하게 되었다. 그런데 지난 2004년 스틸하우스의 실 거주자들을 대상으로 한 스틸하우스 고객 주거성능 평가서를 분석하다 보면 심심찮게 스틸하우스의 층간 소음 문제와 화장실의 누수문제 그리고 벽체에서의 결로 발생 문제 등이 대두된다. 실제로 이는 현장에서 시방서에 따라 제대로 시공했음에도 한 두번은 겪어 봄직한 컴플레인들이다. 현대 건축 문화의 정점인 스틸하우스에서 왜 이러한 문제점이 발견되는가? 우리는 그 원인을 미국과 한국의 차이에서 찾을 수 있다. 즉 그것은 바로 미국과 한국의 지리적, 기후적 특성과 라이프 스타일과 주택 문화의 차이에서 발생한 문제인 것이다. 바로 이러한 차이의 이해로부터 스틸하우스 업계의 화두인 "한국형 정통 스틸하우스"의 원리와 이해가 요구되어지는 것이다. 사실 바닥 합판 위에 카

펫을 깔고 뛰어다닐 일 이 없는 미국 문화와 합판 위 경량기포 콘크리트 타설 후 온돌 미장하고 쿵쾅대며 뛰어다니는 한국 문화는 틀려도 너무도 틀린 주택 문화이다. 모든 사물은 항상 변화 · 발전한다. 스틸하우스 역시 고객의 요구와 트렌드의 변화로 서서히 진화되고 있다. 미국식 정통 스틸하우스가 한국에서 업그레이드되어야 하는 이유가 바로 여기에 있는 것이다.

3. "한국형 정통 스틸하우스" 의 정의

무릇 고객의 입장에 서서 요구를 분석하고 그것을 상품에 반영시키는 것은 가장 기본적인 경영전략이다. 최첨단의 건축공법인 미국식 정통 스틸하우스는 미국에서는 최적의 건축공법 일지라도 한국에서는 상대적으로 문제점이 돌출될 수밖에 없는 것이다. 그리고 스틸하우스 10년 간의 역사 속에서 스틸하우스 실 거주자들은 미국식 스틸하우스의 문제점들을 발견하였고 이의 시정을 요구하고 있다. 한국 주택 문화의 특성과 지리적 기후적 요인으로부터 새롭게 진일보한 스틸하우스 이것이 바로 "한국형 정통 스틸하우스" 인 것이다. 한마디로 한국형 정통 스틸하우스란 스틸스터드를 활용한 미국식 정통스틸하우스의 표준시공을 계승하면서도 한국의 지리적, 기후적 특성과 한국인의 라이프 스타일과 주택 문화의 특수성을 결합한 한국의 지형에 맞는 최고도로 진화한 스틸하우스라 할 수 있겠다.

4. 한국형 정통 스틸하우스의 원리와 이해

미국식 스틸하우스가 한국에서 변화를 요구하는 요소는 무엇인가? 우선은 한국의 지역적, 기후적 요소이다. 미국은 대체로 사계절이 뚜렷하지 않다. 건조한 지역이나 습한 지역이나 일년 내내 그 상태가 유지된다. 이는 기후의 한 요소만을 고려한 주택 문화가 발전할 수 있었다. 일테면 더운 지역은 처마 소핏을 크게 뚫어놓으면 그만이고 추운 지역은 처마를 밀봉하고 지붕 외단열하면 그만이다. 그러나 사계절이 뚜렷한 한국은 어떠한가? 추위와 더위 건조와 습함을 동시에 고려하는 총체적 스틸하우스 시스템이 도입되지 않는다면 어느 한 계절에는 낭패 보기 십상이다. 바로 이 지점이 스틸하우스 벽체와 지붕의 외단열과 겨울철 스틸스터드의 결로를 대비하여 할 지점이며 한국형 통풍 시스템이 필요한 지점이다.

다음으로 고려될 요소는 미국과 한국의 주거문화의 차이점이다. 까치발과 정숙함의 습관이 몸에 베어있는 미국인과 옆집 아랫집 별로 신경 쓰지 않고 구두발 소리내는 한국의 문화의 차이점을 이해하지 못한다면 생명력 있는 스틸하우스를 탄생시키기는 쉽지 않다. 이로부터 한국형 정통 스틸하우스의 층간 차음구조 시스템의 채택이 요구되어진다. 샤워부스나 커튼을 치고 샤워하고 화장실 바닥이 건식 마룻바닥으로 설계된 미국의 주거문화와 욕실 전체에서 물을 사용하고 습식 타일바닥과 타일벽체로 구성된 한국 주거 문화를 건축에 반영하지 않고서는 100% 고객만족의 스틸하우스를 완성 할 수 없을 것이다. 한국형 정통 스틸하우스가 무엇보다도 화장실의 방수문제에 심혈을 기울여야 하는 이유가 여기에 있다.

5. 한국형 정통 스틸하우스의 내용

미국과 한국의 지역적, 기후적 차이와 주거문화의 차이로부터 비롯되는 한국형 정통 스틸하우스는 기존의 미국식 정통 스틸하우스와는 많은 시공방법상의 차이점을 나타낸다. 이 자리에서 한국형 정통스틸하우스의 구체적인 내용과 시공 방법을 짚어 보기로 한다. 단, 여기서 독자 여러분께 한 가지 양해를 구하고자 한다. 그것은 여기서 논의되는 한국형 정통 스틸하우스의 내용과 시공방법은 RIST(포항산업과학연구원) 등 스틸하우스 전문 연구기관의 이론을 토대로 지난 10여년간의 스틸하우스 기술 발전과정에서 나타났던 현장에서의 수 많은 오류와 실패의 경험을 총체화시켜 현실에 맞게 재정립한 이론과 기술공법들이다.

이론은 현실을 반영한다. 그러므로 여기에서 논의되는 이론과 기술공법의 교조적 해석은 불가함을 밝혀둔다. 왜냐하면 현실에서 건축이론과 기술공법은 그 제반조건에 따라서 항상 달리 적용되기 때문이다. 각각의 건축환경의 상이함, 건축주의 경제적 여건 등 제반의 모든 변수들의 상호작용에 따라서 이론과 기술공법은 달리 적용되고 항상 변화할 수 밖에는 없는 것이다. 독자들은 특히 이 점에 유의해 주기를 바란다.

A. 스틸하우스의 층간 차음구조 시스템

진동음과 차음에 완벽한 2층 바닥의 조이스트 패널 차음 시스템의 적용

건축의 이해에 있어서 나라마다의 라이프 스타일과 문화적 차이에 대한 그 이해가 필수이다.

층간 소음을 별로 일으키지 않는 미국의 주택문화와 윗 층에서 쿵쾅거리며 뛰어 대는 한국의 주택 문화는 스틸하우스 설계시 최우선으로 고려해야만 핵심 요소이다. 한국 사람들은 층간소음을 잘 일으키기도 하지만 동시에 이를 가장 싫어하는 이율배반적인 생활패턴의 이해에 있다.

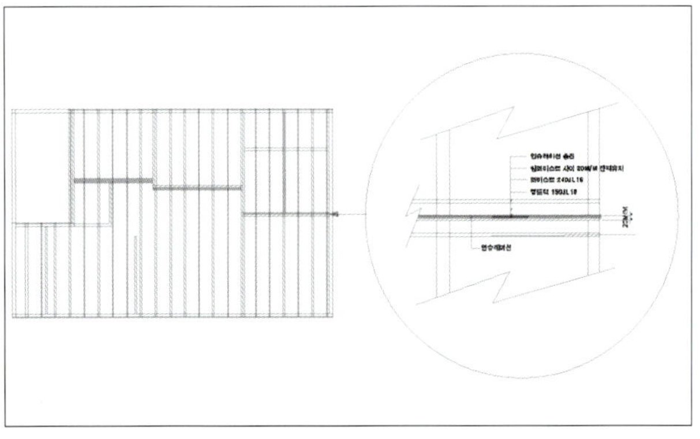

【 조이스트 패널 차음 시스템 디테일 】

【 조이스트 패널 차음 시스템 】

아파트의 경우 이 문제의 해결을 위해 층간 콘크리트 두께를 180mm로 의무화하는 법안이 이미 시행되고 있다. 다행히도 우리 스틸하우스는 이 문제를 완벽히 해결할 수 있는 구조체를 이미 가지고 있다. 그것이 바로 "조이스트 패널 차음 시스템" 인 것이다.

스틸하우스는 2, 3층간 바닥구조로 조이스트를 설치하는데 10m의 롱 스팬 조이스트를 그대로 설치하는 것이 관례화되어 있다. 이는 미국에서는 가능할지는 몰라도 한국의 주택문화에 있어서는 재고되어야 할 사항이다. 이러한 방법은 층간 진동과 소음을 일으키는 원인이 된다. 한 켠에서의 바닥충격음이 10m의 조이스트를 타고 반대편까지 진동과 소음이 전달되는 것이다. 이것이 바로 층간 소음에서 가장 잡기가 어렵다는 구체 전달음인 것이다.

공간과 공간 위를 내지르는 조이스트는 공간과 공간이 만나는 지점에서 중앙의 벽을 내력벽 구조로 바꿔 조이스트를 끊어서 설치하는 발상의 전환이 필요하다. 사진에서처럼 중앙 월 위 탑 트랙 위 조이스트 트랙을 설치시 양쪽 조이스트 트랙 사이를 20mm 정도 띄고 그 사이는 인슐레이션으로 충진하는 방법이다. 이것이 바로 스틸빌라의 층간 차음 방지를 위한 혁신적인 신공법 '조이스트 패널 차음시스템' 이다.

아울러 이러한 조이스트 패널 차음 시스템 위에는 기존의 데크플레이트(혹은 키스톤 플레이트) 대신에 구조용 O.S.B합판을 연결하는데 이는 O.S.B가 바닥충격음의 진동 전달과 흡수에 훨씬 유리하기 때문이다. 이때 잊지말아야할 사항은 방수와 방진패드의 역할을 위해 O.S.B위에는 고무시트를 설치하여야 한다는 사실이다.

층간 독립 월 시스템의 도입

주로 한 세대가 사는 전원주택의 경우 조이스트 패널 차음 시스템의 적용만으로도 훌륭한 층간 진동방지, 차음 효과를 볼 수 있다. 그런데 층간 소음에 민감한 (아파트의 경우 이 문제로 콘크리트를 180mm 타설이 의무화 되어 있다) 세대간 스틸빌라의 경우에는 이러한 조이스트 패널 차음 시스템 이외에도 반드시 고려되어야할 사항이 있는 것이다. 그것은 "층간 독립 월 시스템" 의 적용이다. 원래 스틸하우스의 층간 벽체 구성 방식은 조이스트 위에 바로 2층의 월을 올리는 방식과 조이스트 위 콘크리트 타설 후 2층 벽체를 설치하는 방식이 있다. 일반적으로 현장에서는 공기 단축과 월 이렉션의 편리성으로 전자의 방법이 많이 통용되고 있는데 적어도 스틸빌라의 경우는 후자의 층간 독립식 월 시스템이 적용되어야 할 것이다. 왜냐하면 스틸하우스가 인라인 시스템으로 월과 월이 하나의 구조체로 되어 구체 전달음이 전파되기 쉽기 때문이다. 그러므로 O.S.B 합판+고무시트 구조체에 와이어메쉬를 배열하고 그 위에 콘크리트 80-120mm를 타설하는 방법의 층간 독립 월 시스템의 적용이 반드시 필요하다. 조이스트위 콘크리트를 타설함으로써 월의 구체전달음을 차단하고 동시에 층간 소음의 저주파 영역을 차단하는 효과를 나타낸다.

【 층간바닥에 콘크리트를 타설한 층간독립 월시스템 】

물론 소음의 고주파대의 음역은 인슐레이션으로 잡을 수 있으므로 이러한 스틸하우스 바닥 구조체는 층간 진동과 소음을 잡을 수 있는 최적의 스틸하우스 바닥구조체가 될 수 있다.

여 여름철엔 시원하고 겨울철 따뜻한 스틸하우스 지붕체를 만들 수 있을 것이다.

【 10mm 아이소핑크+열반사단열재 방식의 지붕 외단열 】

단, 열반사지의 설치시 어느 정도의 공기층을 확보하여 복사열과 생활습기가 빠져나갈 수 있도록 해야 한다.

B. 벽체, 지붕 외단열 시스템의 필수 채택

스틸하우스의 경제적인 지붕 외단열 시스템공법 적용

한국형 정통 스틸하우스의 핵심 키워드는 스틸하우스 벽체와 지붕의 외단열 공법이다. 특히 지붕 외단열의 경우 자연 순환 통풍 시스템을 이유로 포기하는 경우가 많은데, 이는 사계절이 뚜렷하고 온도 차이가 많은 한국의 특수한 기후적 요소를 고려하지 못한 데서 비롯된 것이다. 스틸하우스의 지붕체에 외단열이 없을 경우 겨울철 트러스의 탑코드와 바텀코드의 차가운 온도가 월의 탑 트랙에 그대로 전해지고 이는 실내 벽체의 따뜻한 공기와 만나 결국 실내 벽체의 결로 현상으로 이어지고 특히 여름철엔 아스팔트싱글과 고무시트가 집열판 구실을 하므로 지붕 외단열이 없는 스틸하우스의 지붕체는 한증막과 같은 온도를 유지하고 이는 천정의 인슐레이션에 그대로 영향을 끼쳐 천정 아래의 실내 공기를 덥히는 역할을 한다. 그러므로 스틸하우스의 지붕체 외단열은 절대 포기할 수 없는 시공 원칙이 되어야 한다. 문제는 경제성인데 원칙을 견지하면서도 최소의 비용으로 시공할 수 있는 지붕 외단열의 방법으로 10mm의 아이소핑크 + 열반사지 + O.S.B합판의 시공방법이 권장될 수 있겠다.

특히, 열반사지를 설치함으로써 지붕의 복사열을 차단하

스틸하우스 외벽체의 공기층 단열배습 시스템의 채택

21세기 최첨단 친환경 건축공법인 스틸하우스는 스틸이 갖는 열전도율의 특성상 대개 외벽체 외단열공법을 필수로 채택하고 있다. 특히 사계절의 기후 변화가 뚜렷한 한국에서의 스틸하우스는 이 점을 아무리 강조해도 지나치지 않다. 흔히 제주도와 남부지방의 경우는 외단열의 채택을 건너뛰기도 하는데 이는 4~5년 후 벽체의 결로 현상 발생으로 바로 이어지는 결과를 초래한다. 이러한 결로를 예방하기 위하여 스틸하우스는 벽체와 외장재 사이에 외단열재를 설치하는데 이때 외단열재와 타이벡이 설치된 벽체 사이에 10mm 정도의 공기층을 두게 된다. 사실 이 지구상에서 가장 훌륭한 단열재와 차음재는 공기층이다. 스틸하우스는 '중단열재'와 '공기층 단열층' 그리고 '외단열재'라는 3중의 단열재가 벽체를 형성함으로써 타 건축공법에서는 감히 흉내낼 수 없는 완벽한 단열성능과 차음성능을 보장하는 것이다. 한편 벽체에 형성된 공기흐름층을 통하여 타이벡에서 배출되는 생활습기와 외부로부터 유입된 외기습기가 자연적으로 배출됨으로써 스틸하우스 자체의 공기정화시스템이 완성됨으로써 항상 뽀송뽀송하고 쾌적한 실내공기를 유지할 수가 있다. 스틸하우스가 얇은 벽체임에도 불구하고, 일반적인 콘크리트조나 목조주택에 비해 단열효과가 우수하고 뛰어난 차음성능을 가지고 있음은 포항제철, 포항산업과학연구원, 대한건축학회에서 산 · 학연으로 공동연구를 수행하였던 실험결과로 입증되었으며, 현재 공기층 외단열 시스템이 적용된 스틸하우스에서 거주하는 건축주들의 입소문을 통해 명백히 입증되고 있다. 선진국 주택건축에서는 소위 L.C.C (Life Cycle Cost ; 초기건축비에서 유지관리비까지의 모든 비용)측면을 매우 강조하는데 이는 건축 비용 산정시 향후의 유지관리비까지를 포함시키는 확장된 개념으로서 열손실률이 작은 한국형 정통 스틸하우스의 경우에 에너지 소비가 적어 L.C.C 가 매우 경제적인 주택이라 말 할 수 있다. 스틸하우스 공기층 단열배습 시스템으로 다음과 같은 3가지 방식이 있다.

1. O.S.B합판 + Ty-vek + 각재+ 10mm공기층 +30mm아이소핑크(혹은 30mm 스치로폼) 방식
2. O.S.B합판 + Tyvek + 각재 + 10mm공기층 + 10mm아이소핑크방식
3. O.S.B합판 + Tyvek + 각재 + 10mm공기층 +열반사단열재(슈퍼온도리등)

위의 외단열 방식은 저마다의 장단점을 가지고 있다.

【 아이소핑크 + 10mm 공기층 방식의 단열 배습 시스템 】

【 열반사 단열재 + 10mm 공기층 방식의 단열 배습 시스템 】

단, 어느 경우에도 Tyvek 사용은 필수로 채택되어야 한다. 특히 슈퍼온도리의 경우 온도리가 일면 투습 효과가 있는 것으로 인식되어 Tyvek의 대용품으로 이용되고 있는데 이는 스틸하우스 외벽체를 부식시키는 요인이 되고 있다. 온도리는 투습지가 아닌 방습지이기에 O.S.B합판에 바로 부착시키게 되면 생활습기가 빠져나가지 못하고 O.S.B합판을 썩게 만들기 때문이다. 그러므로 생활습기의 통과를 위한 Tyvek의 설치는 필수가 되어야 한다.

C. 한국형 스틸하우스의 방수 시스템

지난 1995년 미국에서 도입된 스틸하우스가 국내에 확산되면서 가장 큰 이슈는 과연 건식공법인 스틸하우스가 물을 접하는 공간이 많은 한국에서 그대로 적용될 수 있는가의 문제였다. 많은 스틸하우스 연구자들이 이 문제를 풀기 위해 심혈을 기울여왔고 이에 대한 나름의 스틸하우스 방수에 관한 기술 공법이 채택되어 스틸하우스의 주거 성능을 높이고 있다. 스틸하우스는 아니 건축은 물과의 전쟁이다. 물과의 전쟁에서 백전백승할 수 있는 한국형 정통 스틸하우스의 무기를 알아보자.

화장실 바닥체의 콘크리트 단차 설계 시스템

물과의 전쟁에 있어서 최전선은 바로 화장실과 다용도실의 바닥, 벽체 방수 라는 점은 의심의 여지가 없다. 화장실의 누수를 원천적으로 봉쇄할 수 있는 방법으로 유비알 공법이 채택되기도 하나 너무 고가라는 단점이 있다. 경제적이면서도 완벽한 방수 시스템의 도입은 유감스럽게도 RC조의 힘을 빌려야 한다. 바로 화장실과 다용도실의 콘크리트 단차 설계 시스템화 공법이다. 사진처럼 화장실 바닥을 기존 바닥보다 최소 150mm 이하로 다운시켜 벽체와의 물끊기를 실행하고 140mm박스빔 대신 50mm 조이스트 박스빔을 설치하여 나머지 90mm 부분을 콘크리트로 타설 하여 화장실 바닥이 하나의 콘크리트 박스처럼 구성되었다.

이를 바탕으로 1차 모르타르방수, 2차 고무시트 방수, 3차 액체방수 그 위에 우레탄 방수와 같은 탄성도막 방수가 2중 3중으로 시공되어야 한다.

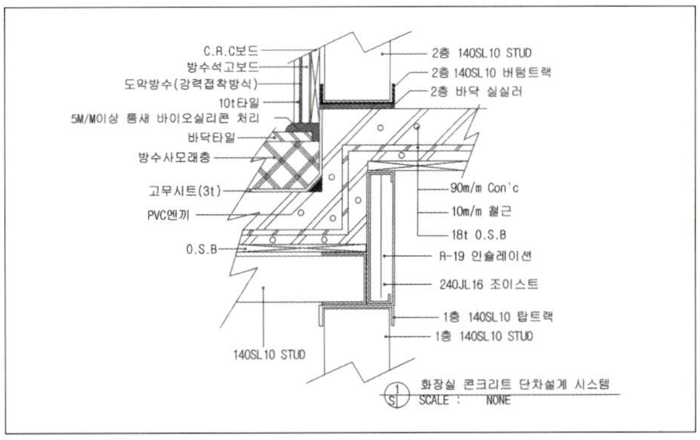

【화장실 기초의 콘크리트 단차 설계 시스템이 적용된 모습】

최적의 화장실 벽체 시스템

그간 화장실 벽체의 구성은 주로 O.S.B + 방수 석고보드가 관행이었는데 O.S.B의 팽창계수가 타일이나 석고보드 보다 훨씬 크다보니 타일 줄눈에 균열이 발생한다. 더우기 시간이 흐르면 화장실의 습기가 타일층과 석고보드층을 뚫고 O.S.B에 침투하여 물기를 머금은 O.S.B가 부풀어 오르고 타일 줄눈 층에 금이 가고 타일이 솟아오르는 현상이 발생한다. 이에 따른 자체적으로 이는 시공자의 잘못이라기 보다는 미국의 스틸하우스를 한국에 그대로 도입하면서 물을 많이 사용하여 습기 발생이 많은 한국의 화장실 문화를 생각지 못하고 교조적으로 스틸하우스를 이해했기에 생긴 문제라 할 수 있다. 그러므로 화장실의 벽체 구조체에서 O.S.B 대신 상대적으로 습기에 강한 무기질계의 C.R.C보드등의 사용과 방습지의 반드시 필요하며 그 위에 방수석고보드를 붙이고 다시금 액체방수를 하는 공법이 적용되어져야 할 것이다. 그리고 화장실 바닥 하단과 벽체의 C.R.C보드, 방수석고보드가 만나는 부분은 반드시 실링 처리하여 바닥의 물이 닿지 않도록 해야 한다.

【6mm C.R.C보드+ 방수석고보드로 구성된 화장실 외벽체】

기초하단 바텀 트랙에 올라오는 콘크리트 습기의 차단 방법

바텀트랙의 기초하단 콘크리트에서는 끝없이 습기가 발생하며 바텀트랙을 부식시킨다. 습기로부터 어떻게 바텀트랙을 구할 것인가? 우선은 기초레벨이 정확하다는 가정하에서 프라이머로 바텀트랙이 들어설 기초바닥에 도포한다.

이때 주의 사항은 도포하기전 콘크리트 바닥을 반드시 컵그라인더로 샌딩하여 콘크리트 위의 이격층을 제거해야 한다. 프라이머를 도포후에는 실실러(seal sealer, 방습지)를 설치한다. 실실러 위에는 토대의 역할로서 2 × 6 방부목을 설치한다. 이는 목조주택의 공법을 스틸하우스에 적용한 것인데 방부목 토대를 설치함으로써 콘크리트의 습기를 차단할 뿐 아니라 3~5mm정도의 기초레벨 오차율을 1~2mm로 조절할 수 있는 일석이조의 효과가 보장된다.

【바텀트랙이 올라설 자리에 프라이머 도포】

【실실러 위에 방부목을 설치】

D. 결로를 방지하는 프로그램들

스틸하우스의 공법은 목구조와 같으나 목재가 가지는 단점을 극복하고 스틸이라는 소재의 장점을 극대화한 21세기 최첨단 건축과학이 총체화된 가장 진화된 건축 공법으로서 현대 건축 문화의 정점이라 할 수 있다. 그런데 아무리 좋은 건축공법도 그 단점은 있게 마련인데 스틸 소재의 사용으로 결로 발생이라는 단점이 그것이다. 스틸하우스는 지난 10여년의 발전의 역사 속에서 결로 방지를 위한 여러 프로그램들이 개발 연구되어 왔고 적어도 현재는 결로가 스틸하우스의 단점이라는 말은 흘러간 전설로 인식되고 있다. 한국형 정통 스틸하우스를 완성하는 결로방지 프로그램을 소개한다.

TRIM-STUD에는 반드시 인슐레이션이 충전되어야 한다.

트림-스터드엔 스치로폼이나 스카이비바, 글라스울 등의 단열재가 충전되어야만 한다. 특히 스치로폼은 단열 성능은 유지되나 차음 성능이 떨어지므로 글라스울의 충전이 바람직하다. 다만 글라스울의 경우는 빗물이 타고 들어갈 확률이 있으므로 테이핑 작업과 실리콘 실링 작업을 수행한다.

【 트림-스터드 사이에 단열재로 충전 】

트러스를 타고 벽체에 내려오는 결로를 방지하는 디테일 공법 (탑 트랙 위 방부목의 설치)

스틸하우스의 결로중 트러스를 타고 벽체에 내려오는 결로를 잡을 수 있는 손쉬운 방법으로 탑 트랙 위에 우드 방부목을 설치하는 방법이 있다. 우드 방부목이 없는 경우에는 O.S.B를 탑트랙 위에 설치하는 것도 큰 효과를 발휘한다. 이는 목재가 스틸보다는 열전도율이 낮다는 점을 100% 활용한 방안이라 할 수 있다. 물론 이 경우에도 지붕 외단열은 미리 전제되어

【 탑 트랙위 방부목의 설치로 트러스의 열교 현상을 차단 】

있어야 한다. 특히 이 경우 IN LINE SYSTEM에서 벗어날 수 있다는 일석이조의 효과가 보장된다.

스틸하우스 모서리 단열 프로그램의 도입

스틸하우스 모서리 부분은 보통 홀다운 설치와 TEE STUD의 설치로 보통 6~10개 정도의 스터드가 집중된다. 거기에다 가셋플레이트, 스트랩, 홀다운 등이 설치되어 적외선 카메라로 촬영해보면 모서리 부분이 실내 평균 온도보다 2~3도 정도가 낮게 나타난다. 이는 실내 내부의 더운공기가 모서리 부분에 쉽게 안착하여 결로가 발생할 수 있는 가장 좋은 조건이 형성된다. 이러한 모서리 부분의 결로 방지 공법으로 모서리의 END STUD와 TEE STUD를 2 × 6 구조용 목재스터드로 대체하여 시공하는 방법이 권장될만 하다. 목재 스터드의 사용은 6~10개의 스틸스터드의 모서리 집중배치를 대폭 완화시켜 모서리와 실내온도 차이를 1도 아래로 내릴 수 있다. 단, 이때 주의할 점은 절대로 홀다운 백투백 킹스터드는 목재스터드로 대체해서는 안 된다. 대체시에는 전단벽의 전단내력이 현저히 떨어질 수 있기 때문이다. 아울러 홀다운은 우레탄 폼 등으로 반드시 단열처리를 권장한다.

【 스틸하우스의 모서리엔 우드스터드를 사용하여 결로 현상을 예방 】

E. 한국형 통풍 시스템

한국은 사계절이 뚜렷한 기후적 특성으로 인해 미국에서의 통풍 시스템을 그대로 적용하기에는 크나큰 한계에 다다르고 있다. 현재 스틸하우스 현장에서의 처마 소핏의 오픈 면적이 100mm ~ 200mm인 경우가 많은데 이는 여름철에는 유리할 지는 모르나 겨울철에는 주택의 단열 효과를 떨어뜨리는 주범이 될 수도 있다고 본다. 원론적으로 보면 지붕 전체면적의 1/300에 해당하는 면적이 처마 소핏의 오픈 면적이다. 이는 처마의 평균 돌출이 500mm일 경우 40mm 정도의 면적을 오픈시켜야 한다는 것이다. 물론 이 면적이 전국의 모든 지역에 동등하게 적용되어질 수는 없다. 남부지방의 경우는 이보다 넓게 강원, 경기지역의 경우는 이보다 적게 오픈되어야 할 것이다. 한편 캘리포니아 혹은 박공지붕의 게이블 상부의 처마소핏의 오픈이 지붕 전체의 공기 순환의 흐름에 끼치는 영향을 고려해야만 한다. 게이블 상부의 처마 소핏이 열려있음으로 인해 게이블벤트로의 원활한 공기 흐름이 오히려 부자연스러워 진다는 점이다. 그러므로 자연스러운 공기의 흐름을 유도하기 위해서 게이블 상부의 상부의 소핏을 O.S.B로 밀봉 하는 것이 바람직할 것이다. 이는 밀봉 후 천정 안에서 담배 연기의 흐름을 관찰하면 담배 연기가 게이블과 리지벤트로 원활히 빠져나가고 있음을 확인할 수 있을 것이다. 한국형 통풍시스템의 이해에 있어서 핵심적인 코드는 각 지역의 기후 조건을 충분히 반영한 지역 특성의 통풍 시스템의 도입이다. 태풍과 강풍이 심한 제주도의 경우 오픈된 처마소핏이나 게이블벤트로 빗물이 유입되어 천정과 외벽체를 적시고 이는 결국 곰팡이가 생기는 주범이 되고 있다. 제주도의 경우 처마 소핏과 게이블, 릿지벤트 등을 이용한 자연 순환 방식의 통풍 시스템보다는 강제자동팬 방식등 강제 순환 방식의 통풍 시스템이 적극 고려되어야할 것이다. 또한 스틸하우스 설계시 처음부터 지붕의 외단열 시스템을 기본으로 채택하여만 할 것이다.

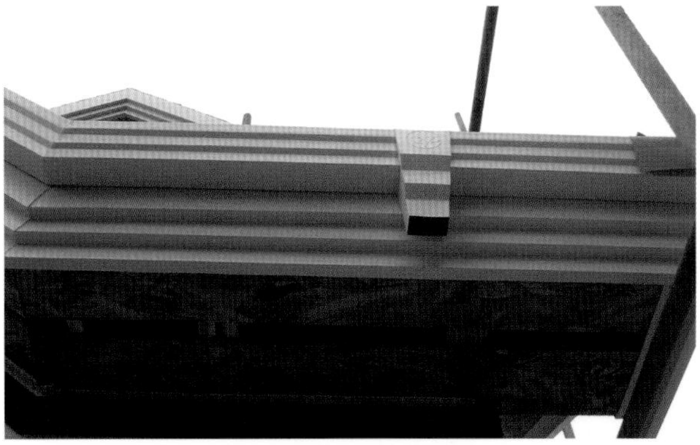

【 40mm 정도로 소핏을 오픈 】

【 게이블의 1m 부분까지만 처마 오픈 】

숨 쉬는 한국형 정통스틸하우스 시스템

1. 숨 쉬는 스틸하우스 지붕시스템

일반적으로 시공되고 있는 스틸하우스의 단열성능과 결로 방지를 위한 스틸하우스 지붕 외단열 공법은 다음과 같다.

1. O.S.B합판 + 50mm각재상 + 50mm 스치로폼 방식
2. O.S.B합판 + 30mm각재상 + 30mm 아이소핑크 방식
3. O.S.B합판 + 열반사단열재 + 10mm 아이소핑크 방식
4. O.S.B합판 + 열반사단열재 방식

그런데 이러한 일반적인 스틸하우스 외단열 공법과 동시에 고려되어야 할 사항이 있는데 그것이 바로 "숨 쉬는 지붕구조 시스템"의 도입이다.

O.S.B를 지붕판재로 사용하고 있는 우리나라의 스틸하우스나 목조주택은 O.S.B합판 자체의 수분과 생활습기를 배출할 수 있는 시스템을 갖추는 것이 중차대한 문제로 떠오르고 있다. 비온날 흠뻑 먹은 습기나 욕실이나 세탁실 그리고 주방으로부터 유입된 습기는 지붕 층에 모여서 지붕판재에 도달하게 되는데 이때 O.S.B가 흡수한 습기를 햇빛을 받아 뜨겁게 달구어진 아스팔트쉬글 밖으로 증발되도록 하는 것이 자연스런 이치건만 그저 "완벽한 방수만이 나의 살길이다" 여서인지 우리는 숨도 못 쉬는 아스팔트와 고무를 섞어 만든 방수쉬트로 녹여 붙이고 그 위에 아스팔트싱글을 시공하는 것이 일상화되어 있다. 그러다보니 지붕판재가 머금은 습기를 배출할 수 있는 방법은 오로지 지붕 층에 통풍구를 크게 뚫어서 지붕판재가 썩는 것을 막아보자는 것이 보편적인 시공기술이 되었다.

O.S.B를 통한 수증기의 증발 즉 숨 쉬는 지붕에 대한 연구가 필요하다.

즉, 고무시트에 꽉 막힌 O.S.B를 숨 쉬게 하여 항상 쾌적한 상태의 지붕을 만들어야 한다는 것이다.

공기가 투과할 수 없는 기존의 고무시트 방식 대신 아래의 아래의 사진과 같이 처마 층의 공기가 투과할 수 있는 지붕용 타이벡 혹은 루핑펠트를 시공하고 그 사이에 공기가 통 할 수 있는 공기층을 확보하는 방법이 연구 검토되어야 할 것이다.

【 처마 층의 공기가 투과 되는 지붕 시스템 】

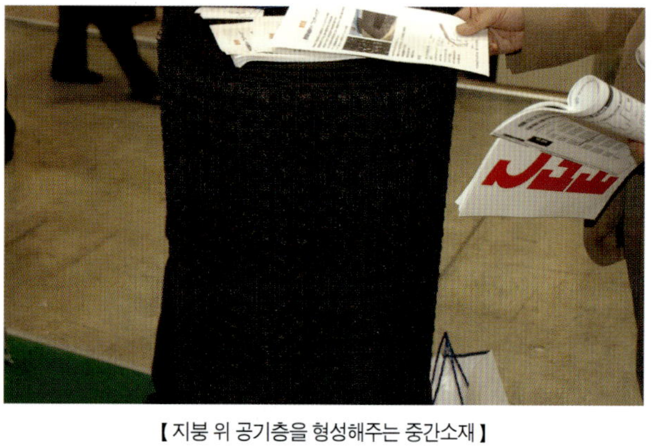

【 지붕 위 공기층을 형성해주는 중간소재 】

'한국스틸하우스 기술인협회(KSEA)' 에서는 이러한 한국형 숨쉬는 지붕시스템의 연구개발에 매진하고 있는데 진정한 의미의 한국형 정통스틸하우스의 완성의 길은 바로 이러한 숨 쉬는 지붕시스템의 도입에 달려있다 해도 과언이 아닐 것이다.

【숨 쉬는 지붕 시스템】

2. 숨쉬는 스틸하우스 외벽체 공기층 단열배습의 도입과 적용

스틸하우스에 있어 벽체 외단열의 포기는 벽체의 결로 발생의 주범으로 결로 예방을 위해서는 반드시 외단열을 실행하여야 한다. 일반적으로 행해지는 스틸하우스 외벽체 외단열 방법은 다음과 같다.

1. Tyvek + 50mm각재 + 50mm스치로폼 + 선택외장재
2. Tyvek + 20-30mm각재 + 각재 사이의 20-30mm 아이소핑크 + 선택외장재
3. Tyvek + 10mm 아이소핑크 + 선택외장재
4. Tyvek + 열반사단열재(슈퍼온도리) + 선택외장재
5. 10mm각재 + Tyvek + 선택외장재

그런데 이러한 방식의 외단열 공법은 단순히 단열성의 측면만을 고려한 공법으로 스틸하우스나 목조주택의 내부에서 유입되는 생활 습기와 외부에서 기후적 요인으로 발생하는 외기습기를 간과한 측면이 농후하다. 이는 타이벡의 성능에 대한 과신에서 비롯되는 것으로 일면투습지인 타이벡이 숨 쉬지 못한다면 결국 O.S.B에 습기가 부착되어 곰팡이가 피고 구조체의 부식이 진행되기도 한다. 실제 캐나다의 경우 이러한 외벽체의 부식으로 들어가는 하자보수비만도 연간 수천억에 이르고 있는 것으로 보고된다. 그러므로 외벽체의 단열에 있어서 반드시 고려해야할 사항은 지붕외단열에서와 마찬가지로 벽체에도 공기 흐름 층을 별도로 두어 타이벡에서 배출되는 생활습기와 외부의 외기습기를 통과시켜야만 한다는 것이다. 현재 공기층을 주지 않고 슈퍼온도리 등을 시공한 국내 현장의 경우 그에 따른 하자 발생사례가 종종 보고되고 있다.

한국형 정통스틸하우스의 외단열 공법의 있어서 핵심은 단순히 외단열재를 외벽체에 부착한다는 데 있는 것이 아니라 외벽과 외단열재 사이에 반드시 공기층을 확보해야 한다는 점에 있다. 우리는 이것을 '공기층 단열 배습 시스템' 이라 명한다. 이 시스템의 적용으로 스틸하우스는 단열 성능의 향상과 외벽체의 생활습기 방출을 유도함으로써 최첨단의 하이테크한 숨쉬는 벽체 시스템을 구현할 수 있다.

이러한 공기층 단열 배습 시스템이 적용되어진 스틸하우스 외단열공법은 다음과 같이 재정립되어져야 할 것이다.

1. Tyvek + 20 - 50mm각재 + 10mm공기층 + 각재 사이 10 - 40mm 단열재 + 선택외장재
2. Tyvek + 10mm각재 + 10mm공기층 + 각재 위 10 - 30mm 아이소핑크 + 선택외장재
3. Tyvek + 열반사단열재(슈퍼온도리) + 10mm공기층 + 선택외장재
4. 10mm각재 + 10mm공기층 + Tyvek + 선택외장재

그렇다면 공기층은 어떻게 확보할 것인가?

우선은 각재 상을 이용하는 방법이 가장 보편적인 방법인데 20-50mm 각재를 설치하고 그 사이에 10mm 공기층을 확보하고 40-30mm 단열재를 채워 넣는 방법이다. 다음으로는 11T O.S.B 혹은 10T각재를 50mm로 켜서 타이벡 위에 설치하고 그 위에 10-30mm 아이소핑크를 연결하는 방법이다. 별도의 큰 비용 없이 숨 쉬는 외벽체를 완성할 수 있는 방법이라 할 수 있겠다. 다음으로는 사진 6에서와 같이 단열재 자체가 아예 공기가 흐를수 있는 통로를 가진 요철형의 단열재로 외단열을 하는 방법이다. 별도의 품을 들이지 않는 가장 경제적인 방법으로 특히 이는 외장재로 드라이비트 공법을 선택하는 경우 필수로 채택되어져야 할 공법이라 할 수 있겠다. 그러나 아쉽게도 아직 한국에서는 이러한 시공 사례는 찾아보기가 힘들다.

한편 공기층을 형성하는 공기층 단열 배습 시스템에서 절대 놓쳐서는 안 될 기술적인 핵심사항은 사진7에서와 같이 바텀트랙에서 올라오는 공기의 흐름이 탑 트랙 위에 까지 전달되고 이 흐름이 자연스럽게 처마 위로 흐르도록 해야 한다는 것이다. 이 원칙이 지켜지지 않는다면 숨 쉬는 벽체시스템의 도입의 의미는 반감되고 말 것이다.

【 사진1_공기층 없는 수퍼온도리의 밀착시공으로 곰팡이 발생 】

【 사진2_공기층 없는 수퍼온도리의 밀착시공으로 벽체내부 곰팡이 발생 】

【 사진3_공기층이 형성된 외벽체 단열배습 시스템 】

【 사진4_Tyvek + 20 - 50mm각재 + 10mm공기층 + 각재 사이 10 - 40mm 단열재 + 선택외장재 】

【 사진5_각재와 각재 사이의 통풍을 위한 천공 】

【 사진6_공기층이 이미 확보된 외단열재 】

3. 한국형 통풍 시스템의 업그레이드를 위한 제언

숨 쉬는 한국형 정통스틸하우스의 완성은 한국형 통풍시스템의 연구 개발에서 그 빛이 발할 것이다. 한국형 통풍시스템의 이해에 있어서 핵심적인 코드는 각 지역의 기후 조건을 충분히 반영한 지역 특성의 통풍 시스템의 도입이다. 태풍과 강풍이 심한 제주도의 경우 오픈된 처마소핏이나 게이블벤트로 빗물이 유입되어 천정과 외벽체를 적시고 이는 결국 곰팡이가 쓰는 주범이 되고 있다. 제주도의 경우 처마소핏과 게이블, 릿지벤트 등을 이용한 자연 순환 방식의 통풍 시스템보다는 강제 자동팬 방식등 강제 순환 방식의 통풍 시스템이 적극 고려 되어야 할 것이다. 또한 스틸하우스 설계시 처음부터 지붕의 외단열 시스템을 기본으로 채택하여야만 할 것이다.

숨쉬는 한국형스틸하우스를 완성하는 '한국형 통풍 시스템' 의 기술을 정리하자면 다음과 같다.

첫째, 처마소핏의 개구부는 아래 표에서와 같이 각 지역의 실정에 맞는 오픈 사이즈를 확보하고 아울러 지역의 특색을 고려한 통풍의 종류를 채택한다.

둘째, 캘리포니아와 게이블 상부는 철저히 밀봉한다. 다만 이 경우 공기 인입구가 없으므로 리턴박스 1m 지점까지는 소핏을 열어놓고 그 위를 O.S.B로 완전히 밀봉한다.

이는 게이블 상단까지 소핏을 열어 놓으면 처마 하단에서 인입된 공기가 게이블 벤트나 리지벤트로 빠져나가는데 있어 오히려 방해가 되어 결국은 공기의 순환이 자유롭지 못하기 때문이다.

셋째, 제주도, 울릉도와 같은 해안가 지역이나 바람이 많은 지역은 소핏을 밀봉하고 강제통풍 시스템을 채택한다.

【 표1_각 지역별 실정을 고려한 벤티레이션 시스템 】

	처마소핏 개구부(mm)	주요벤틸레이션시스템	비고
강원지역	30-40	게이블, 리지	적설량 고려
서울, 경기	40-50	게이블, 루프, 리지	-
충청등 중부지방	50-60	게이블, 루프, 리지	-
호남, 영남등 남부지방	60-80	게이블, 루프, 리지	-
산간지역	30-40	게이블, 리지	-
해안지역	20-30 혹은 밀폐	게이블 밀폐 강제벤틸레이션시스템	풍압 고려
제주도	20-30 혹은 밀폐	게이블밀폐 강제벤틸레이션시스템	풍압 고려

【 사진8_탑트랙위로 공기가 통하도록 공기층을 천정 안까지 오픈 】

【 사진9_게이블트러스의 하단은 오픈하나 하단 1m 위 지점에서는 처마 밀폐 】

스틸하우스에 있어 名品이란 무엇인가? (1)

베네통, 롤스로이스, 로렉스, 애니콜 등등 세상의 모든 상품에는 각 분야에서 최고의 상품가치를 자랑하는 名品들이 존재한다. 그렇다면 건축의 영역에서도 이러한 명품은 존재 가능하지 않을까? 순백의 아름다움을 간직한 이영애의 자이, 한국형 정통 스틸하우스는 추억과 세월의 깊이는 간직하되 그 근본은 3대를 물려줄 수 있을 만큼 뛰어난 단열성과 차음성, 지진과 태풍을 견딜 수 있는 내진성과 내구성을 갖춘 집으로 알려져 있다. 21세기 환경 마인드를 갖춘 친환경 주택 스틸하우스! 이제는 건축 분야의 名品으로서 그 가치가 제고되어야 할 시점에서 가로 놓여있다. 그렇다면 진정 스틸하우스가 건축 분야의 명품으로서 갖추어야할 조건들은 무엇일까? 시간의 흔적이 있고 추억이 있고 그 곳에 살아오던 사람들의 향기가 남듯이 스틸하우스 역시 명품으로서의 상품가치를 더 빛을 발하게 하는 요소는 무엇일까?

"스틸하우스에 있어 명품이란 무엇인가?" 필자는 여기에 대한 나름의 고민을 독자들과 함께 풀어보고자 한다. 다만 필자가 현장의 엔지니어라는 한계로 인해 스틸하우스의 마켓팅이나 경영학적 분석보다는 스틸하우스의 테크놀로지를 중심으로 해서 그 문제의 해답을 찾아볼까 한다.

A. 상품에 있어서 名品이란 무엇인가?

1. 상식으로 말하는 명품의 정의

명품은 그 교환가치에 있어서나 상징가치에 있어서 고급스럽다고 사회의 일반적 인정을 받은 재화를 말한다. 명품이 인기가 있는 이유로는 먼저 상징적 가치가 높은 재화에 대한 소유욕구의 재생산을 들 수 있으며, 일반인이 명품구매에 뛰어들고 있는 현상은 '일치' 의 욕구라고도 볼 수 있는데, 즉 '남들처럼' 소비하려는 행위를 말한다. 명품은 상품 자체의 가치를 자신의 가치의 가치로 일치시키려는 욕구로 인해 그 구매력과 상품생명이 연장된다. 이를테면 일반 아파트 수요자들이 이영애의 자이나 김남주의 푸르지오 광고를 보면서 그녀들의 엘레강스하고 고급스러운 이미지에 자신의 구매 욕구를 치환하는 심리라 볼 수 있겠다. 이러한 명품은 소비자에게는 상품을 통한 자신의 가치창조로, 기업에게는 고부가가치를 보장한다.

2. 애니콜 신화에서 볼 수 있는 명품의 4대 요소

1990년대 휴대폰 도입 초창기 휴대폰 시장에서 삼성휴대폰은 모토롤라나 노키아의 브랜드 파워에 눌려 힘 한번 쓰지 못하고 시장에서 도태되고 있었다. 그러던 삼성이 애니콜이라는 브랜드 마켓팅을 강화하고 어디서든 잘 터지는 휴대폰의 품질혁신을 완성하고 신속하고 투명한 A/S체계를 갖춘 후에야 휴대폰 시장의 강자로 떠오르기 시작했다. 또한 2000년대 산업 디자인의 강조 속에서 산업디자이너 김영세의 7mm 휴대폰 디자인에서 볼 수 있듯이 디자인의 혁신으로 세계 최고의

名品 휴대폰의 위치를 선점하게 된다. 이러한 애니콜의 사례에서 볼 수 있듯이 상품으로서의 名品은 테크놀로지의 우수성과 브랜드의 가치 창조, 디자인의 혁신 그리고 신뢰할 수 있는 A/S 체계의 확립등이 그 전제 조건으로서 작용함을 알 수 있다.

B. 스틸하우스에 있어서 명품이란 무엇인가?

1. 스틸하우스에 있어 명품의 4대 요소

건축 상품으로서의 스틸하우스 역시 위의 애니콜 사례에서 보듯이 명품이 되기 위한 첫째 조건은 역시 뛰어난 주택의 성능을 보장할 수 있는 스틸하우스 테크놀로지의 혁신이 될 수 있을 것이다. 이러한 스틸하우스 기술혁신의 전제 조건에서 하이테크한 이미지의 스틸하우스 브랜드의 마켓팅과 모던한 감각이 살아 숨쉬는 주택 디자인의 완성이 가미될 때 건축 상품으로서 스틸하우스가 명품으로 등극할 수 있는 것이다. 여기에 전원주택 업계의 고질적인 병폐인 고객중심의 A/S시스템의 확립이 뒤따를 때만이 스틸하우스 名品이 가능해 지는 것이다.

2. 스틸하우스에 있어 명품의 효과

명품은 상품 자체의 가치를 자신의 가치로 일치시키려는 욕구로 인해 그 구매력과 상품생명이 연장된다. 최첨단 스틸하우스 테크놀로지가 구현된 스틸하우스 명품의 출현으로 소비자는 스틸하우스의 가치를 통해서 자신의 인격과 가치를 동일시하게 되는 대리만족을 느끼게 되고 심지어 사회적 지위와 체면까지도 명품 스틸하우스에 투영시키게 되는 것이다. 한편 스틸하우스 사업자는 고객만족을 통한 고부가가치의 실현과 지속적인 수요 창출을 약속받고 스틸하우스의 테크롤로지 혁신에 매진함으로써 양질의 명품 스틸하우스가 확대 재생산되는 선순환 구조를 지닐 수 있게 된다.

C. 스틸하우스 名品 창조의 4대 과제

1. 스틸하우스 테크놀로지의 혁신

가. 스틸하우스 테크놀로지 혁신의 필요성

건축공법으로서의 스틸하우스 공법이 경량목구조공법이나 RC조 등 타 건축 공법과의 경쟁에서 비교 우위를 지녀야 만이 스틸하우스 수요와 시장 확대가 가능하다. 이러한 스틸하우스의 비교 우위를 위하여 모든 현장에 공통으로 적용될 수 있는 스틸하우스 표준기술의 도입과 한국형 정통 스틸하우스의 요구 증대에 따른 스틸하우스 혁신 기술의 도입이 절대적으로 필요 해진다. 이러한 스틸하우스 기술 혁신을 통한 스틸하우스 신규수요창출은 스틸하우스의 새로운 부가가치의 창조로 귀결되게 된다.

나. 스틸하우스 테크놀로지 혁신의 방법

그렇다면 스틸하우스 신규 수요 창출을 위한 스틸하우스 테크놀로지 혁신의 방법은 무엇인가? 우선, 현장과 연구기관의 원활한 피드백 시스템이 도입되어야 하며 같은 이유에서 실제 스틸하우스 거주자와 시공사의 피드백 시스템의 일환으로 "건축주 옴부즈맨 시스템" 도입으로 일상적인 스틸하우스 주거성능 평가가 지속적으로 이루어져야만 한다. 이러한 건축주, 시공사, 연구기관의 상호 유기적인 관계의 형성에서 한국형 정통 스틸하우스의 새로운 니즈가 창출되고 이의 해결을 위한 신기술의 개발과 보급이 이루어져야한다. 특히 이러한 스틸하우스 혁신기술의 과학적인 보급과 홍보를 위하여 시공사, 빌더, 프레이머 등에게 이에 걸 맞는 맞춤형 스틸하우스 교육과 세미나를 실시하고 온 · 오프 라인 스틸하우스 매체를 적극적으로 활용한다.

다. 스틸하우스 테크놀로지 혁신의 효과

이러한 스틸하우스 테크놀로지 혁신의 효과로서는 스틸하우스 실제 거주자의 높은 주거성능 평가는 곧바로 스틸하우스 상품의 고객만족으로 이어지게 되며 이에 따른 스틸하우스의 지속적인 신규 수요 창출과 R&D 투자비용 확대는 결국 고부가 가치 산업으로서의 스틸하우스 산업을 자리매김하게 될 것이다.

2. 스틸하우스 브랜드 마켓팅

- 스틸하우스 브랜드 가치창조의 효과

브랜드 마케팅이란, 커뮤니케이션 활동의 대상이 되는 제품이나 서비스에 대한 소비자의 머리 속에 있는 기억과 인식에 변화를 만들어내고, 그 변화를 자신에게 유리한 방향으로 유도하기 위한 의도적인 기업의 제반 커뮤니케이션 활동이라고 정의 내릴 수 있다. TV광고에서 이미연이 모델인, 두산 We've라는 아파트 광고를 보라? 이는 아파트 광고이지만, 광고 속에 아파트에 대한 정보나 이미지 보다는 패션 잡지 같은 컨셉을 잡아서 색다른 인식을 심어준다. 그리고 '여자감각', '똑같은 건 싫다' 라는 문구로 고급스러운 이미지까지 물씬 풍기는 것이다. 좋은 품질의 상품으로서의 스틸하우스! 과연 이것만으로 타 건축공법과의 경쟁에서 우위를 점할 수 있겠는가? 좋은 품질, 이것은 어디까지나 필수조건일 뿐이다. 이보다 더 중요한 것은 스틸하우스의 하이테크한 '제품 이미지' 를 대중의 머리 속에 강하게 뿌리 내리게 할 수 있는 '뭔가' 가 필요하다는 것이다. 그 '뭔가' 를 해 내는 작업이 브랜딩이며, 그 전략과 실행이 스틸하우스 브랜드 마케팅이다. 이러한 스틸하우스 브랜드 마켓팅은 비단 소비자들에게만이 아닌 스틸하우스 산업 종사자들에게도 연대성의 증대와 책임시공의 각인이 이루어지고 이는 결국 스틸하우스 가치의 신뢰성 상승으로 이어지게 되는 것이다.

3. 스틸하우스 디자인의 혁신

가. 스틸하우스 도입기의 디자인(1995-1999)

이 기간은 1995년 POSCO에 의한 미국식 스틸하우스의 도입 후부터 2000년 까지로 스틸하우스 도입기 시기이다. 이 기간 중에는 국내의 스틸하우스 전문 디자이너의 부재로 인해 스틸하우스 디자인이 알프스형의 천편일률적인 외부 디자인이 주종을 이루었으며 드라이비트, 시멘트 사이딩 등 이외의 외장재 선택에 한계에 있었으며 기술적으로 한국형 정통 스틸하우스에 대한 건축주의 요구 수용이 어려웠다.

나. 스틸하우스 발전기 디자인의 특징(2000-2004)

이 기간은 포스홈 등 초기 스틸하우스 선발주자들의 왕성한 활동과 보급의 확대노력에 잇따른 스틸하우스 발전기인데 이 당시부터 스틸하우스 전문 디자이너가 등장하여 모던한 외부 디자인이 적극 검토 도입되었으며 미국식 스틸하우스의 한국형 스틸하우스로의 진보가 서서히 진행되고 있는 시점이라 할 수 있다.

다. 스틸하우스 도약기 디자인의 과제(2005 이후)

이 기간은 스틸하우스 도약기로서 한국형 정통 스틸하우스의 이론과 기술이 디자인과 결합되는 시점이라 할 수 있다. 외장재 선택에 있어서 다양성과 창조성이 확대되고 스틸하우스 전문디자이너의 영역과 함께 "스틸하우스 디자인빌더" 의 개념이 적극 도입되고 스틸하우스 디자인 전문교육의 도입의 필요성이 확대되는 시기로서 스틸하우스 디자인이 스틸하우스 테크놀로지와 적극적인 결합을 모색하는 시기이다.

【 사진1_스틸하우스 도입기의 디자인 】

【 사진2_스틸하우스 도약기의 디자인 】

4. 고객만족 A/S 시스템의 도입

스틸하우스의 명품을 위한 또 하나의 요소가 바로 고객만족 A/S 시스템의 도입이다. 사실 전원주택 실 거주자들의 가장 큰 불만족이 전원주택은 A/S가 잘 되지 않는다는 불만인데 스틸하우스가 명품으로 거듭 나기위해서는 이러한 전원주택 업계의 교훈을 타산지석으로 삼아야 할 것이다. 그렇다면 A/S 체계의 확립은 어떻게 가능한가?

우선은 각 개별 사업체의 A/S 체계강화가 필수이며 이러한 기틀에서 스틸하우스 공동 A/S망 네트워크가 구축되어야할 것이다. 이러한 스틸하우스 A/S체계 강화는 스틸하우스 실 거주자들의 주택고객만족도를 증대시키고 명품으로서 스틸하우스 가치를 증대시키게 될 것이다.

D. 스틸하우스 명품을 위한 스틸하우스 테크놀로지는 무엇인가?

스틸하우스에 있어서 명품이란 무엇인가? 고가의 이태리 대리석으로 치장한 집인가? 물론 그럴 수도 있다 그러나 스틸하우스에 있어서 명품의 가장 큰 기준은 그 집이 얼마나 장인정신으로 원칙 시공에 맞게끔 지어 졌는가 하는 점이다. 모든 상품에서 명품의 전제 조건이 우수한 품질에 있듯이 스틸하우스 역시 명품이 되기 위한 첫째 전제조건이 바로 단열성, 차음성, 내구성 등으로 표현되는 뛰어난 스틸하우스의 주거성능에 있는 것이다. 그러므로 스틸하우스에 있어 명품이란 결코 내·외장재의 화려함에 있는 것이 아니고 그 어떤 내·외장재이든 그것을 시공시 FM원칙시공의 방법을 지켜 최상의 주택 주거성능을 보장되는가에 결정되는 것이다.

1. 스틸하우스 명품의 전제
(기초레벨 평활도 표준오차율의 준수)

가. 스틸하우스에 있서 기초레벨의 중요성

스틸하우스는 수평등포하중의 내력벽 시스템으로 바닥 레벨이 맞지 않을 경우에는 국부좌굴 현상으로 인해 벽체가 침하되는 결과가 발생한다. 그러므로 스틸하우스 절대 지상과제는 바로 기초레벨 평활도를 표준오차율 범위로 내로 잡는 것이다. 기초레벨이 틀리면 우선은 실실러를 부착하지 못하여 콘크리트와 맞닿은 하부트랙의 부식현상이 진행되고 레벨 교정에 따른 후속공정의 비용 상승이 초래된다. 기초레벨오차율이 표준 오차율 이내로 맞춰진 스틸하우스가 명품 브랜드를 가질 수 있는 자격이 있는 것이다. 기초레벨 평활도를 표준오차율 이내로 잡는 방법은 다음과 같다. 우선은 거푸집에 보정된 레벨기로 레벨을 체크하고 합판 등의 레벨가이드로 기초라인을 표시한다. 기초 콘크리트의 타설 후에는 물 빠짐 후 2~3회에 걸친 미장 시공을 잊어서는 안 된다. 기초레벨평활도 표준오차율 준수의 문제는 기술의 문제라기보다는 빌더 혹은 오너의 스틸하우스 표준시공에 대한 의지와 신념 문제이다.

【 기초레벨평활도 표준오차율 준수는 표준시공에 대한 의지와 신념의 문제 】

2. 명품 스틸하우스의 출발점은 건축물의 수직 수평대각의 정렬에 있다.

건축공사의 핵심 포인트는 직선과 곡선의 배치에서 그 규칙성을 찾아내어 시공하는 것이다. 우선 제 아무리 직선과 곡선이 복잡하다하더라도 '건축이란 수직 수평 대각의 아름다운 하모니다.' 라는 원칙은 모든 건축 과정을 관철하는 제1의 원칙임을 잊어서는 안 될 것이다. 이를테면 제 아무리 값 비싼 원목몰딩을 쓰더라도 문선몰딩이나 천정몰딩 공사시, 수직 수평 대각이 맞지 않아 마감 선에 시각적 피로감을 준다면 이는 결국 실패한 건축 공사로 귀결된다. 건축공사시 수직 수평이 맞지 않으면 시각적으로 피곤하다는 1차적인 현상을 넘어서 온돌마루, 타일 등 모든 마감자재의 마감 선에 절대 혼란을 초래하며 쇼파 등 인테리어 소품과의 언밸런스가 증대한다는 데 그 심각성이 있다. 그러므로 건축 공사시 레이져레벨기의 사용 등으로 수직, 수평을 2차, 3차 확인하고 최종적으로 대각을 확인하는 습관을 가져야 한다. 건축 공사의 핵심은 이태리제 대리석을 쓰느냐 원목몰딩을 쓰느냐는 소재의 문제 이전에 그 소재의 시공에 있어서 규칙적인 직선과 곡선의 앙상블을 이루어내는 절대 감각에 있는 것이다.

【 스틸하우스의 전단벽에 설치되는 L앙카 】

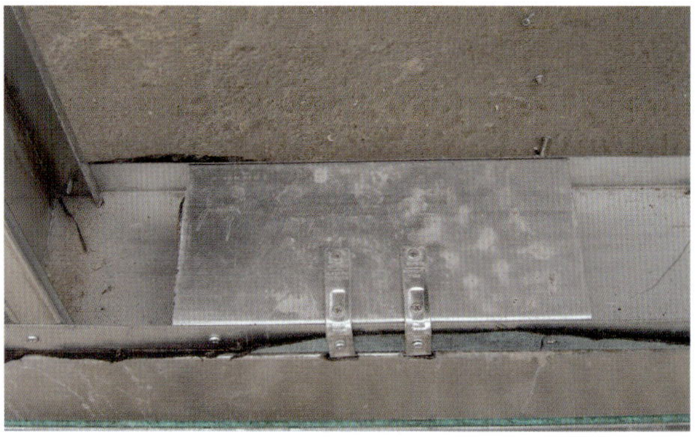

【 스틸하우스의 Up-Lift 현상을 방지하는 MAS 】

【 지붕의 Balloon Effect 현상을 방지하는 MAS 】

3. 스틸하우스 수평하중을 잡아라! (내진철물의 설치)

스틸하우스에 작용하는 수평방향의 하중으로는 풍하중과 지진하중이 있다. 지진하중과 풍하중에 대해 스틸하우스를 설계시 건물이 전도되거나 밀리거나 들뜨지 않도록 반드시 전단벽을 구조 설계한다. 이때 스틸하우스의 전단벽에는 홀다운이 설치되고 이 홀다운 자리에는 일반 앙카볼트가 아닌 450~1000mm의 기초공사용 J볼트를 콘크리트 타설 전 미리 설치하여야 한다(타설 후에는 케미칼 앙카 설치). 흔히 홀다운 앙카로 세트앙카를 심는 경우가 허다한데 이는 스틸하우스의 수평하중을 고려하지 못한 결과이다. 스틸하우스는 구조적으로 전단벽에 의하여 건축물의 구조적 안전성이 보장되므로 홀다운 자리엔 반드시 스틸하우스 전용 구조기초용 J볼트를 설치하여야 한다. 한편 풍하중은 건축물에 구조물이 부상(uplift)하게 하는 하중이 작용하는데 이러한 부상을 방지하기 위하여 MAS와 앙카볼트를 기초 타설 전 설치한다.

그리고 스틸하우스에서 강풍으로 주택의 유리가 풍압으로 인해 터져 나가면 풍선 효과(balloon effect)로 인하여 압력이 내부에서 외부로 작용하고 이 힘으로 인하여 다른 출구와 유리창도 외부로 터져나가며 지붕이 하늘로 날아가는데 이러한 강풍으로 지붕이 통채로 날아가는 것을 방지하기 위한 철물이 바로 '허리케인타이' 이다.

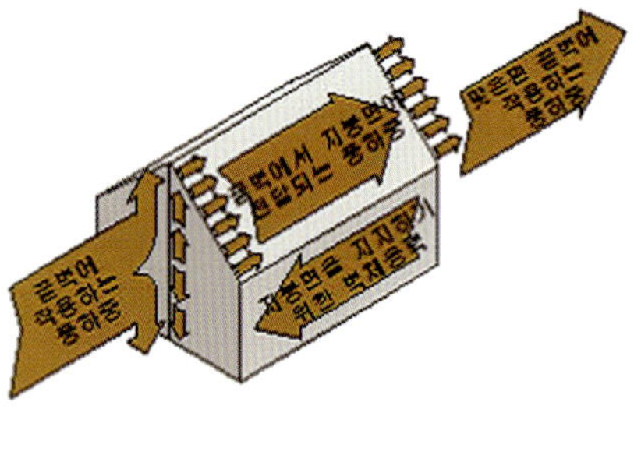

【 스틸하우스에 작용하는 풍하중 】

4. 기초하단 바텀트랙에 올라오는 콘크리트 습기를 차단하라!

스틸하우스에서 '바텀트랙의 습기는 스틸하우스의 독' 이라 해도 과언은 아닐 것이다. 그렇다면 바텀트랙을 기초하단의 콘크리트 습기로부터 어떻게 차단할 것인가? 먼저 기초레벨을 표준 오차율(최소 3mm) 이내로 맞추고 월이 올라설 자리를 프라이머를 도포한다. 이때 콘그리트 위의 이격층을 제거하기 위해 도포하기 전 콘크리트 바닥을 반드시 컵그라인더로 샌딩한다. 프라이머를 도포후에는 실실러(방습지)를 설치하고 실실러 위에 2 × 4 방부목을 토대로 설치한다. 이는 목조주택의 공법을 스틸하우스 적용한 것인데 방부목 토대를 설치함으로써 콘크리트의 습기와 동절기 냉기를 차단할 뿐아니라 3~5mm 정도의 기초레벨 오차율을 1~2mm로 조절할 수

【 프라이머의 도포 및 방부목 설치 】

【 2 X 6 방부목의 설치 위 실실러의 설치 】

있는 일석이조의 효과가 보장된다. 이때 주의사항은 방부목의 습기가 바텀트랙에 끼치는 영향을 방지하기 위해 방부목 위에 반드시 실실러를 다시 한번 설치해준다.

5. 공기층 단열배습 시스템은 名品 스틸하우스의 핵심요소

스틸하우스에 있어 벽체 외단열의 포기는 벽체의 결로 발생의 주범으로 결로 예방을 위해서는 반드시 외단열을 실행하여야 한다. 일반적으로 행해지는 스틸하우스 외벽체 외단열 방법은 다음과 같다.

1. Tyvek + 50mm각재 + 50mm스치로폼 + 선택외장재
2. Tyvek + 20~30mm각재 + 각재사이 20~30mm 아이소핑크 + 선택외장재
3. Tyvek + 10mm 아이소핑크 + 선택외장재
4. Tyvek + 열반사단열재(슈퍼온도리) + 선택외장재
5. 10mm각재 + Tyvek + 선택외장재

그런데 이러한 방식의 외단열 공법은 단순히 단열성의 측면만을 고려한 공법으로 스틸하우스나 목조주택의 내부에서 유입되는 생활 습기와 외부에서 기후적 요인으로 발생하는 외기습기를 간과한 측면이 농후하다. 이는 타이벡의 성능에 대한 과신에서 비롯되는 것으로 일면투습지인 타이벡이 숨 쉬지 못한다면 결국 O.S.B에 습기가 달라붙어 곰팡이가 발생하여 구조체의 부식이 진행되기도 한다. 실제 캐나다의 경우 이러한 외벽체의 부식으로 들어가는 하자보수비만도 연간 수백억에 이르고 있는 것으로 보고된다. 그러므로 외벽체의 단열에 있어서 반드시 고려해야할 사항은 벽체구조체와 외단열재 사이에 공기 흐름 층을 별도로 두어 타이벡에서 배출되는 생활습기와 외부의 외기습기를 통풍시켜야만 한다는 것이다. 공기층을 주지 않고 슈퍼온도리 등을 시공한 국내 현장의 경우 그에 따른 하자 발생사례가 종종 보고되고 있다.

명품 스틸하우스라면 외단열 공사시 단순히 외단열재를 외벽체에 부착하는 것이 아니라 외벽과 외단열재 사이에 반드시 5~10mm의 공기층을 필수적으로 확보하여 월의 상하부 공기 순환구조를 만들어주어야 한다. 이로서 스틸하우스 단열성능의 향상과 외벽체의 생활습기 방출을 유도함으로써 최첨단의 하이테크한 숨쉬는 벽체 시스템을 구현할 수 있기 때문이다.

그러므로 이러한 원칙이 적용되어진 명품 스틸하우스의 외단열공법은 다음과 같은 공기층 단열배습시스템으로 재정립되어져야 할 것이다.

1. Tyvek + 20-50mm각재 + 10mm공기층 + 각재 사이 10-40mm 단열재 + 선택외장재
2. Tyvek + 10mm각재 + 10mm공기층 + 각재 위 10-30mm 아이소핑크 + 선택외장재
3. Tyvek + 열반사단열재(슈퍼온도리) + 10mm공기층 + 선택외장재
4. 10mm각재 + 10mm공기층 + Ty - vek + 선택외장재

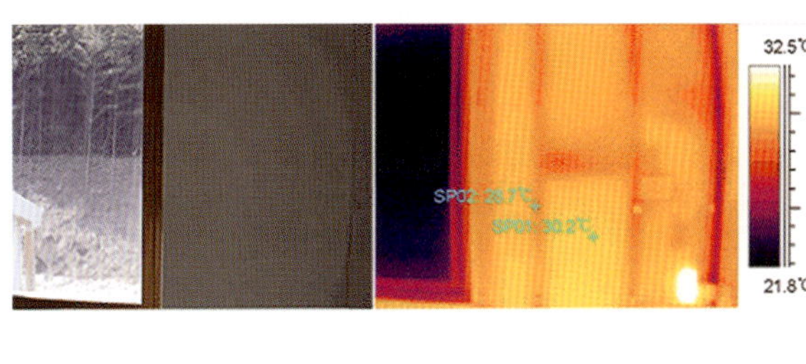

【 스터드 부분은 열교 현상에 의해 열의 손실 발생 】

【 10M/M 각재로 300M/M 간격의 상을 형성 】

【 열반사 단열재가 설치 된 지붕 외단열 시스템 】

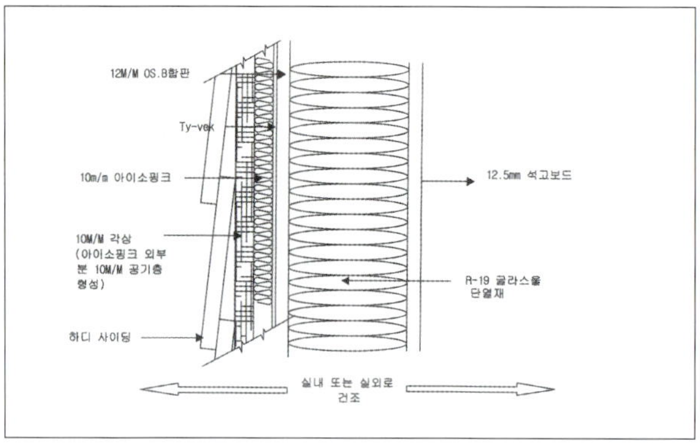

【 공기층이 상부의 천정으로 연속적으로 연결 】

6. 名品 스틸하우스는 지붕에도 외단열 공법을 적용한다!

名品 스틸하우스는 벽체만이 아니라 지붕에도 외단열 공법을 필수로 채택한다.

일반적으로 스틸하우스 현장에서 지붕 구조체의 구성은 보통 11T O.S.B합판 1장 + 고무시트 + 아스팔트싱글로 이루어진다. 그런데 이러한 구조체는 바로 스틸하우스 지붕 외단열의 포기로 이어지기 십상인데 이는 스틸하우스의 주택성능을 저하시키는 주범이 될 수도 있다. 왜냐하면 스틸하우스 지붕체에 별도의 외단열 구조가 없을 경우 겨울철 트러스의 탑코드와 바텀코드의 차가운 온도가 월의 탑 트랙에 그대로 전해지고 이는 실내 천정과 벽체의 따뜻한 공기와 만나 결국 실내 천정 모서리의 결로 현상으로 이어진다. 특히 여름철에는 아스팔트싱글과 고무시트가 집열판 구실을 하므로 지붕 외단열이 없는 스틸하우스의 지붕체는 한증막과 같은 온도를 유지하고 이는 천정의 인슐레이션에 그대로 영향을 끼쳐 천정 아래의 실내 공기를 데우는 역할을 한다. 그러므로 스틸하우스 지붕 외단열 공법은 절대 포기될 수 없는 名品 스틸하우스의 필수 전제인 것이다.

스틸하우스의 지붕외단열 방법은 다음과 같다.

1. O.S.B합판 + 50mm 각재상 + 50mm 스치로폼 방식
2. O.S.B합판 + 30mm 각재상 + 30mm 아이소핑크 방식
3. O.S.B합판 + 열반사단열재 + 10mm 아이소핑크 방식
4. O.S.B합판 + 열반사단열재 방식

문제는 경제성인데 원칙을 견지하면서도 최소의 비용으로 시공할 수 있는 스틸하우스 지붕 외단열 공법으로 10-20mm의 아이소핑크+열반사 단열재+ O.S.B합판 방법이나 열반사단열재 설치의 시공방법이 권장 될 수 있겠다. 특히 열반사 단열재를 설치함으로써 지붕의 복사열을 차단하여 여름철에는 시원하고 겨울철에는 따뜻한 名品스틸하우스 지붕체를 만들 수 있을 것이다.

7. 오픈형 복층 구조에는 공기순환 통풍 시스템을 설치하라!

전원주택 디자인 중 거실1, 2층이 시원하게 탁 티여 있는 오픈형 복층 구조가, 많은 설계자나 건축주들에게 선택되어지곤 한다. '건축이란 필수가 아닌 선택의 연속이다' 즉, 취사선택의 기로에서 일장일단의 그 무엇인가를 선택하여야 하는 과정의 연속이다.

오픈형 복층구조는 내 · 외부 디자인의 미적 측면을 향상시키는 장점이 있으나 겨울철 엄청난 에너지가 유출되고 하절기에는 2층이 더워지는 단점이 생긴다. 이는 따뜻한 공기는 위로 이동하고 찬 공기는 아래로 내려오는 대류의 성질 때문이다. 바로 여기에서 고효율 에너지 주택을 추구하는 스틸하우스에서 오픈형 복층구조의 지양이 얘기되어지는 것이다. 만약 그러함에도 오픈형 복층구조를 채택한다면 그 대안은 무엇일까?

【사진 11_오픈형 복층구조에 자동 배연창을 설치하여 통풍기능을 강화】

【사진 12_스틸빌라 계단실을 본체보다 한층 더 높게 건축】

名品 스틸하우스는 이에 대한 대안을 다음과 같이 제시한다.

첫째, 하절기를 대비하여 오픈형 거실 상단 양쪽에 통풍용 창호를 설치한다. 이는 대류의 성질에 의해 거실 상부를 둘러싸고 있는 더운 공기를 밖으로 배출하는 통풍 장치의 역할을 수행한다. 특히 이 경우 부득이하게 2층의 높은 곳에 창호가 설치되어 있다면 경제적 추가비용이 발생하더라도 반드시 자동 배연창 혹은 천창을 설치하여 1층 거실에서 스위치 작동만으로 2층의 창호가 자동개폐 되도록 한다.

둘째, 공간의 협소함으로 창호 설치가 불가한 경우는 강제통풍 시스템을 천정이나 거실 상단 벽체에 설치한다.

셋째, 1층과 2층의 거실 조명은 가능한 실링팬 방식의 조명을 설치한다. 이는 겨울철 실링팬이 작동하여 상부의 따뜻한 공기를 아래로 내려 보내 강제로 대류를 순환시키는 역할을 하기 때문이다.

넷째, 보일러난방시스템은 가능한 심야전기보일러를 채택한다. 이는 심야전기보일러가 에너지가 많이 소모되는 곳에서는 기름보일러에 비해 상대적으로 경제적이기 때문이다.

8. 스틸빌라의 계단실에도 공기 순환 통풍시스템을 설치하라!

스틸빌라 계단실은 스틸하우스에 있어서 최첨단의 건축공법이 적용되어 지점이다. 조이스트든 RC조이든 습식과 건식공법이 충돌하는 계단을 만드는 과정도 그러하거니와 계단실의 통풍시스템을 설치하는 것도 신경 써주어야 할 부분이다.

우선 계단실은 설계 당시 일조량을 면밀히 검토하여 그 위치를 설정한다. 일조량이 많은 위치라면 동절기에는 좋을지 몰라도 하절기에는 햇빛이 많이 드는 관계로 복사열이 증가하여 계단실이 더워지는 결과를 초래하는 단점이 있다. 계단실 하층의 더워진 공기는 상층으로 이동하는 대류의 성질은 갖는다. 그러므로 계단실은 상층으로 올라갈수록 더워지고 상층에는 반드시 한 곳 이상의 윈도우를 설치한다.

아울러 그 지역의 건축허가 조건만 허락된다면 계단실을 한 층 더 건축하여 더운 공기가 맨 위층에 모이게끔 하는 시스템을 갖추는 것이 최선의 방안이다. 물론 그 곳에도 통풍용 윈도우를 설치한다. 만약 건축허가 조건상 계단실을 위로 올리지 못한다면 경제적 비용이 추가되는 단점이 있지만 계단실 천정에 강제통풍 시스템을 설치하는 것도 아주 좋은 방법 중의 하나이다.

이와는 반대로 일조량이 적은 곳 이라면 계단실에는 동절기를 대비하여 가능한 많은 창을 내도록 하는 조치가 필요하다. 외부의 조망을 실내로 불러들이는 창호의 역할이 계단실에서 만큼은 통풍성의 극대화라는 기능성의 측면이 강조되어 짐을 명심하여야 할 것이다.

9. "조이스트패널 차음 시스템"의 채택은 名品 스틸하우스의 절대조건이다.

名品 스틸하우스 제일의 요소는 무엇인가? 그것은 완벽한 층간 차음 시스템의 구현일 것이다. 이것은 한국 사람들은 층간 소음을 잘 일으키기도 하지만 동시에 이를 가장 싫어하는 이율배반적인 생활패턴의 이해에서 비롯된다.

아파트의 경우 이 문제의 해결을 위해 층간 콘크리트 두께를 180mm로 의무화하는 법률이 이미 시행되고 있다. 다행히도 스틸하우스는 이 문제를 완벽히 해결할 수 있는 구조체를 이미 지니고 있다.

그것이 바로 "조이스트 패널 차음 시스템"인 것이다. 스틸하우스는 2, 3층간 바닥구조로 조이스트를 설치하는데 10m의 롱 스팬 조이스트를 그대로 설치하는 것이 관례화되어 있다.

미국에서는 가능할지는 몰라도 한국의 주택 문화에 있어서는 재고되어야 할 사항이다. 이러한 방법은 층간의 진동과 소음을 일으키는 원인이 된다. 한 켠에서의 바닥 충격음이 10m의 조이스트를 타고 반대편까지 진동과 소음이 전달되는 것이다. 이것이 바로 층간 소음에서 가장 잡기가 어렵다는 구체 전달음인 것이다.

공간과 공간 위를 내지르는 조이스트는 공간과 공간이 만나는 지점에서 중앙의 벽을 내력벽 구조로 바꿔 조이스트를 끊어서 설치하는 발상의 전환이 필요하다.

이 방법은 중앙 월 위의 탑 트랙 위 조이스트 트랙을 설치시 양쪽 조이스트 트랙 사이를 20mm 정도 띄우고 그 사이는 인슐레이션으로 충전하는 방법이다.

이것이 바로 스틸빌라의 층간 차음 방지를 위한 혁신적인 신공법 '조이스트 패널 차음시스템' 이다.

그런데 이러한 조이스트 패널 차음 시스템에서는 반드시 뒤 따라야 할 몇 가지의 후속 공정이 있는데 우선은 층간 바닥 구조체 설계시 싱글 조이스트가 아닌 조이스트 박스빔 (혹은 I빔)으로 설계한다. 이는 조이스트 박스빔이 싱글 조이스트에 비하여 그 진동과 차음 성능이 월등하기 때문이다.

아울러 1,200mm 간격으로 반드시 조이스트 블록킹을 설치한다. 조이스트패널 차음 시스템에서 조이스트의 진동과 소음을 줄일 수 있는 또 하나의 방법이 조이스트 박스빔 위 방진 가스켓의 설치다.

이는 구조용 O.S.B합판을 설치하기 전 조이스트 박스 빔 위 플랜지 부분에 방진 가스켓을 설치하는 방법인데 방진 가스켓의 설치로 조이스트와 O.S.B 합판 위 진동과 소음 흡수가 가능하다.

층간 소음에 민감한 한국의 주택문화에 있어서 조이스트 박스빔 위 방진 가스켓의 설치는 名品 스틸하우스의 차음 성능을 향상 시키는 강 유력한 방법이다.

방진 가스켓이 설치된 조이스트 위엔 층간 진동과 차음 구조 성능이 뛰어난 18T 구조용 O.S.B합판을 설치한다.

층간 바닥체의 구조가 만약 건식이라면 건식 구조 층간 차음 바닥체를 설치하고 (일례로 O.S.B위에 다시 방진 가스켓을 610mm 간격으로 설치하고 그 위에 18T구조용 O.S.B를 다시 설치한다) 습식 바닥체라면 구조용 O.S.B 위에 2mm고무시트를 설치하고 80-120mm의 콘크리트를 타설한다.

【 사진 13_조이스트 패널 차음시스템 】

【 사진 14_조이스트 위 방진 가스켓을 설치한 후 O.S.B 합판 덮음 】

10 . "층간 독립 월 구조 시스템"이 적용된 스틸빌라는 名品의 자격이 있다!

주로 한 세대가 사는 전원주택의 경우 조이스트 패널 차음 시스템의 적용만으로도 훌륭한 층간 진동방지, 차음 효과를 볼 수 있다. 문제는 층간 소음에 민감한 (아파트의 경우 이 문제로 콘크리트를 180mm 타설이 의무) 세대 간 스틸빌라의 경우에는 이러한 조이스트 패널 차음 시스템 이외에도 반드시 고

【 사진 15_층간 바닥에 콘크리트를 타설한 "층간 독립 월 시스템" 】

려되어야할 사항이 있다.

그것은 "층간 독립 월 시스템"의 적용이다. 원래 스틸하우스의 층간 벽체 구성 방식은 조이스트 위에 바로 2층의 월을 올리는 방식과 조이스트 위 구조용 O.S.B 연결 후 콘크리트를 타설하고 2층 벽체를 설치하는 방식이 있다. 현장에서의 공기 단축과 월 이렉션의 편리성으로 전자의 방법이 많이 통용되고 있는데 적어도 스틸빌라의 경우는 후자의 층간 독립식 월 시스템이 적용되어야 할 것이다.

왜냐하면 스틸하우스가 인라인 시스템으로 월과 월이 하나의 구조체로 되어 구체 전달음이 전파되기 쉽기 때문이다. 그러므로 O.S.B 합판 + 고무시트 구조체에 와이어메쉬를 배열하고 그 위에 콘크리트 80~120mm를 타설하는 방법의 층간 독립 월 시스템의 적용을 권장한다. 조이스트 위 콘크리트 타설로 월의 구체전달음을 차단하고 동시에 층간 소음의 저주파 영역을 차단하는 효과를 나타낸다. 물론 소음의 고주파대의 음역은 인슐레이션으로 잡을 수 있으므로 이러한 스틸하우스 바닥 구조체는 층간의 진동과 소음을 잡을 수 있는 최적의 스틸하우스 바닥구조체가 될 수 있다. "층간 독립 월 구조 시스템"이 적용된 스틸빌라는 名品의 자격이 있는 것이다. 다만 한 가지 "층간 독립 월 구조시스템"은 "월 일체형 방식"에 비해 구조적 불안정성이 존재하므로 층간 타이볼트, 홀다운, 강대의 설치에 유념해야만 한다. 그런데 현장에서 공사의 연속성이라는 측면에서 "층간 독립 월 구조 시스템"은 현실적으로 매우 불리한게 사실이다. 이에 대한 대안으로 "건식 층간 독립 월 방식"을 권장한다. 이는 조이스트 위에 구조용 O.S.B를 연결하고 그 위에 방진 가스켓을 설치한 후 상층의 월을 이렉션하고 그 위에 콘크리트를 타설하는 방법이다.

11. 名品 스틸하우스는 지역별 특수성을 고려한 한국형 통풍 시스템을 적용한다.

名品 스틸하우스의 완성은 한국형 통풍시스템의 적용에서 완성된다 해도 과언이 아닐 것이다. 한국형 통풍시스템의 이해에 있어서 핵심적인 코드는 각 지역의 기후 조건을 충분히 반영한 지역 특성의 통풍 시스템의 도입이다. 태풍과 강풍이 심한 제주도의 경우 오픈된 처마소핏이나 게이블벤트로 빗물이 유입되어 천장과 외벽체를 적시고 이는 결국 곰팡이가 슬는 주범이 되고 있다.

제주도의 경우 처마소핏과 게이블, 릿지벤트등을 이용한 자연 순환 방식의 통풍 시스템보다는 강제 자동팬 방식 등 강제 순환 방식의 통풍 시스템이 적극 고려되어야할 것이다.

또한 스틸하우스 설계시 처음부터 지붕의 외단열 시스템을 기본으로 채택하여만 할 것이다. 숨쉬는 한국형스틸하우스를 완성하는 "한국형 통풍 시스템"의 기술을 정리하자면 다음과 같다.

첫째, 처마소핏의 개구부는 아래 표 에서와 같이 각 지역의 실정에 맞는 오픈 사이즈를 확보하고 아울러 지역의 특색을 고려한 통풍의 종류를 채택한다. 둘째 캘리포니아와 게이블 상부는 철저히 밀봉한다. 다만 이 경우 공기 인입구가 없으므로 리턴박스 1m 지점까지는 소핏을 열어놓고 그 위를 O.S.B로 완전히 밀봉한다. 이는 게이블 상단 까지 소핏을 열어 놓으면 처마 하단에서 인입된 공기가 게이블 벤트나 리지벤트로 빠져나가는데 있어 오히려 방해가 되어 결국은 공기의 순환이 자유롭지 못하기 때문이다. 셋째 제주도, 울릉도와 같은 해안가 지역이나 바람이 많은 지역은 소핏을 밀봉하고 강제통풍 시스템을 채택한다.

【사진16_지붕전체면적의1/300에 해당하는 면적이 처마소핏 오픈면적】

【사진18_제주지역에서의 지붕용 강제 송풍 장치】

스틸하우스에 있어 名品이란 무엇인가? (2)

'물과의 전쟁' 에서 승리할 수 있는 디테일은 名品스틸하우스의 절대 조건이다.

건축이란 '한 사회에서 필요로 하는 실제적인 요구와 표현욕구를 충족시키는 건물을 설계하고 짓는 예술, 또는 그 기술' 이라고 말할 수 있다. 그리고 실제적인 욕구와 표현욕구를 사회적 구조적, 미학적으로 해석하여 그 변수들을 복합적으로 배열하여 하나의 건축물 형태로 엮어내는 사람들이 바로 건축가이다.

일반적으로 건축물은 생활장소로서 직접적으로 인간의 생활에 관계되며, 그 기술도 인간의 생활을 궁극의 목적으로 하는 행위이다. 따라서 건축은 건축물을 만드는 행위를 통하여 생존하고 생활하는 인간존재의 모든 국면(局面)에 관여하고 책임을 지는, 인간에게 밀착된 주체적 행위로서의 기술이다. 건축들은 그 형태가 생활목적에 적합하도록 주어진 소재를 가지고 고정된 공간으로 구성된다. 지진이나 눈 · 비 등에 오래 견딜 수 있고, 화재에도 안전하며 쾌적하고 편리한 공간으로 구성되어야 하고, 또한 아름다운 구조물이며 시설이어야 한다. 건축가들은 건축물의 미학적인 요인들과 구조의 복잡한 기술적인 해결책도 제시해야 한다. 이 2가지 요소가 통합될 때 건축은 한 사회의 문화적 · 상징적 이상을 보여준다.

건축 작품은 몇 가지 기준에 맞아야 한다. 사회가 요구하는 용도에 알맞아야 하며, 안정성이 있어야 하고, 형태를 통해 설계자의 경험과 개념을 전달해야 한다. 그러나 건축물의 안정성이라는 기준은 변함이 없지만, 용도를 충족시킨다거나 설계자의 개념을 전달한다는 기준은 건물의 기능에 따라 중요한 정도가 달라진다. 예를 들어, 공장의 기능은 주로 실용적인 데 있고 개념을 전달하는 일은 비교적 덜 중요하지만 교회나 정부 청사 같은 건물은 공공성의 실용성과 사회적 역사적 개념이나 상징의 전달이 똑같이 중요하다. 그리고 주택은 가족 활동 공간으로서의 실용성과 건축물의 안전성에 더 많은 중요성이 대두된다. 그러므로 주택으로서 이러한 건축물의 실용성과 안전성을 극대화한 주택이 명품의 지위에 오를 수 있는 것이다.

그렇다면 전원주택에 있어서 가족 활동 공간으로서의 실용성과 건축물의 안전성이라는 말은 무엇인가? 다시 말해 그것은 뛰어난 단열성과 차음성이 보장된 주택이며 3세대 이상을 물려 줄 수 있을 만큼의 내진성과 내구성이 보장된 건축물이라 할 수 있겠다. 특히 전원주택에 있어서의 주택의 실용성과 안전성을 결정짓는 최고의 요소는 비와 결로로부터의 해방이다. 하루가 멀다하고 비새고 물새고 결로가 발생된다면 그 주택을 집이라 부르기 힘들 것이다. 그래서 많은 건축가와 주택 엔지니어들이 건축의 형이상학적인 정의 대신 '건축이란 물과의 전쟁이다.' 라고 말하는 것이다. 건축분야에서 '신은 디테일 속에 있다(God is in the Detail)' 라는 유명한 격언이 있다. 그랜드 스케일의 구도와 설계, 엄청난 규모의 시공을 통해 이뤄지는 건축물도 최종적으로 그것을 완성하는 힘은 건물 전체에 스며 있는 세심함과 마무리의 노력에 있다는 말이다. 다행히도 건식공법으로서의 스틸하우스는 이러한 물과의 전쟁에서 승리할 수 있는 확실한 한국형 정통스틸하우스의 디테일이 존재한다. 어쩌면 명품 스틸하우스의 결정적인 요소인 짓는 것은 바로 이러한 시공디테일의 현장에서의 적용에 달려있다 해도 과언은 아닐 것이다. 그렇다면 스틸하우스의 명품을 결정짓는 '물과의 전쟁' 에서 승리할 수 있는 시공디테일은 과연 무엇이 있을까? 그 시공디테일을 살펴보도록 하자.

1. 화장실 바닥체의 단차 설계 및 시공 디테일

지난 1995년 미국에서 도입된 스틸하우스가 국내에 확산되면서 가장 큰 이슈는 과연 건식공법인 스틸하우스가 물을 접하는 공간이 많은 한국에서 그대로 적용될 수 있는가의 문제였다. 많은 스틸하우스 연구자들이 이 문제를 풀기 위해 심혈을 기울여왔고 이에 대한 나름의 스틸하우스 방수에 관한 기술공법이 채택되어 스틸하우스의 주거 성능을 높이고 있다. 명품스틸하우수를 완성하기 위한 물과의 전쟁에 있어 그 최전선은 바로 화장실과 다용도실의 바닥, 벽체 방수 라는 점은 의심의 여지가 없다. 화장실의 누수를 원천적으로 봉쇄할 수 있는 방법으로 유비알 공법이 채택되기도 하나 너무 고가라는 단점이 있다. 경제적이면서도 완벽한 방수 디테일은 물을 사용하는 공간과 일반 바닥의 단차 설계 및 시공디테일이다.

스틸하우스의 경우 화장실 바닥을 기존 바닥보다 최소 90~150mm 이하로 다운시켜 본체 바닥과 반드시 단차를 두어야 한다. 만약 화장실에 콘크리트를 타설하는 경우라면 벽체 역시 벽체와의 물끊기를 실행하고 140mm 박스빔 대신 50mm 조이스트 박스빔을 설치하여 나머지 90mm 부분을 콘크리트로 타설하여(혹은 건식 방수) 화장실 바닥이 하나의 콘크리트박스처럼 구성되도록 한다.

이를 바탕으로 1차 모르타르 방수, 2차 고무시트 방수, 3차 액체방수 위에 우레탄 방수와 같은 고무화 방수가 3중으로 진행되어야 한다.

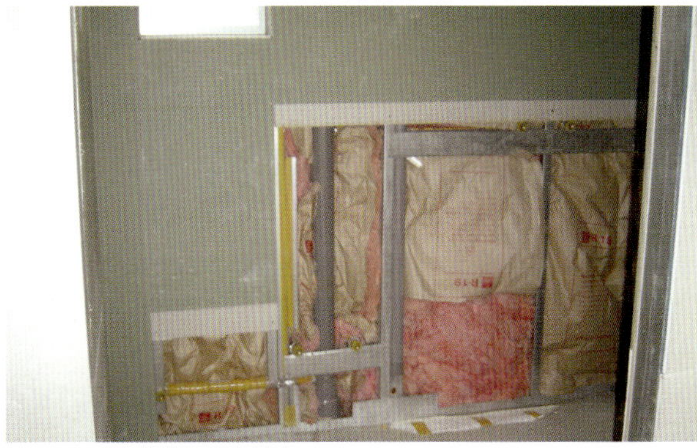

【사진20_6mm C.R.C보드 + 방수 석고보드로 구성된 화장실 외벽체】

2. 명품 스틸하우스에 걸 맞는 화장실 벽체 시스템

스틸하우스 건축 현장에서 화장실 벽체의 구성은 주로 O.S.B + 방수 석고보드가 관행인데 이 시공방법은 O.S.B의 팽창계수가 타일이나 석고보드 보다 훨씬 크다보니 타일 줄눈에 크랙이 발생하는 단점이 나타난다.

【화장실의 기초를 CON' C 단차설계 시스템 형태로 제작】

더욱이 시간이 흐르면 화장실의 습기가 타일층과 석고보드층을 뚫고 O.S.B에 침투하여 물기를 머금은 O.S.B가 부풀어 오르고 타일 줄눈 층에 금이 가고 타일이 솟아오르는 현상이 발생한다. 이러한 결과는 시공자의 잘못 이라기보다는 미국식 스틸하우스를 한국에 그대로 도입하면서 물을 많이 써 습기 발생이 많은 한국의 화장실 문화를 생각지 못하고 교조적으로 미국식 스틸하우스를 이해했기에 생긴 문제라 할 수 있다. 그러므로 화장실의 벽체 구조체에서 O.S.B 대신 상대적으로 습기에 강한 무기질계의 C.R.C 보드와 석고보드를 1차로 붙이고 그 위에 방습지를 설치한 후 다시 그 위에 방수석고보드를 설치하고 다시금 액체방수를 하는 공법이 적용되어져야 할 것이다. 그리고 화장실 바닥 하단과 벽체의 C.R.C보드, 방수석고보드가 만나는 부분은 반드시 실링 처리하여 바닥의 물이 닿지 않도록 해야 한다.

3. 스틸하우스 설비의 뉴 트랜드 급수이중배관 공법

인간에게 혈관이 있듯 건축물에는 전기와 물을 공급하는 배관들이 존재한다. 혈관이 터지면 사망하듯 건축물의 배관 역시 누수가 생기면 건축물에 커다란 피해가 발생한다.

스틸하우스나 목조주택 등 건식공법은 패널화된 벽체와 바닥기초 부분의 연결방법으로 누수 발생시 물 흐름을 차단할 방수 턱 기능이 부재하기에 특히 2층 이상의 건물에서 누수가 된다면 그 피해가 벽체와 천장의 단열재, O.S.B, 석고보드 등 마감재에까지 손상을 입히게 된다. 아이러니컬하게도 이러한 피해는 기초레벨이 정확할 수록 더욱 확산되게 되어 있다. 한편 스틸하우스 현장에서는 구조적인 측면을 강조하는 경향성이 존재하는데 이로 인해 전기와 설비 배관 부분의 기술이 상대적으로 진전되지 못하는 상황이 발생되기도 하는데 결국 이는 건식공법으로서의 스틸하우스 설비마감의 한계를 도출하게 되고 스틸하우스 하자발생 제1의 원인이 되고있는 것이다. 그러므로 명품스틸하우스가 해결해야할 제1의 지상과제는 스틸하우스의 설비배관 누수를 근원적으로 차단할 수 있는 최첨단의 설비배관공법의 도입이 요구되어지는데 그에 대한 해답이 바로 급수이중배관 공법인 것이다. 급수이중배관 공법이란 급수 설비 파이프와 부속을 이중으로 설치하는 방법인데 이의 도입으로 다음과 같은 유용한 장점이 있다.

우선 이중 급수 배관 공법은 기존의 벽체를 뜯지 않고서도 노후된 파이프를 교체하거나 배관 부속의 보수가 가능하다. 기존 매립 방법의 단점인 인위적 배관훼손과 구조체의 훼손을 방지하고 신속하고 정확한 시공이 가능한 것이다.

급수배관의 하자는 대개 조인 부분에서 발생하는데 급수이중배관 공법은 오픈 수전함에서 육안으로 누수 여부 확인이 가능하다. 그리고 노출되는 배관들이 분배기함에 매입되어 공간 활용도가 극대화된다.

한마디로 스틸하우스에 있어서 적어도 급수시설의 누수는 신경 쓸 필요가 없어짐으로써 스틸하우스 하자 발생의 60%를 줄 일 수 있는 것이다.

【철골조 시공 후 오픈 수전함의 매입】

【바닥에 매입된 냉온수 분배기함】

이러한 스틸하우스 이중 급수배관 공법의 도입은 스틸하우스에 있어서 누수 하자에 대한 능동적 대처 가능해지고 낙후된 건식건축의 급수배관 공법의 취약성을 극복하여 하이테크한 스틸하우스 이미지의 제고를 통해 물과의 전쟁에서 원천적으로 승리할 수 있는 원천기술을 확보할 수 있는 것이다.

결국 이는 스틸하우스의 주거성능의 질적 향상 추구와 이에 따른 고객 만족에 의한 스틸하우스의 수요 확대에 커다란 영향을 미칠 것이다.

4. 기초하단 바텀 트랙에 올라오는 콘크리트 습기의 차단 방법

명품 스틸하우스는 기초바닥의 콘크리트에서 끝없이 올라오는 습기를 원천적으로 제거하는 디테일을 적용한다. 기초바닥 콘크리트의 습기는 바텀트랙을 부식시키는 제1의 원인이다. 그렇다면 습기로부터 어떻게 바텀트랙을 보호할 것인가?

【실실러 위에 방부목을 설치】

우선은 기초레벨이 정확하다는 가정하에서 프라이머로 바텀트랙이 들어설 기초바닥에 프라이머로 도포한다. 이때 주의 사항은 도포하기전 콘크리트 바닥을 반드시 컵그라인더로 샌딩하여 콘그리트 위의 이격층을 제거해야 한다. 프라이머를 도포후엔 실실러(방습지)를 설치한다. 실실러 위엔 토대의 역할로서 2 × 6 방부목을 설치한다. 이는 목조주택의 공법을 스틸하우스 적용한 것인데 방부목 토대를 설치함으로써 콘크리트의 습기를 차단 할 뿐더러 3~5mm정도의 기초레벨 오차율을 1~2mm로 조절할 수 있는 일거양득의 효과가 보장된다.

5. 名品 스틸하우스는 결로를 방지하는 디테일을 준수한다.

스틸하우스의 공법은 목구조와 같으나 목자재가 가지는 단점을 극복하고 스틸이라는 소재의 장점을 극대화한 21세기 최첨단 건축과학이 총체화된 가장 진화된 건축 공법으로서 현대 건축 문화의 정점이라 할 수 있다. 그런데 아무리 좋은 건축공법도 그 단점은 있게 마련인데 스틸 소재의 사용으로 결로 발생이라는 단점이 그것이다. 스틸하우스는 지난 10여년의 발전의 역사 속에서 결로 방지를 위한 여러 프로그램들이 개발 연구되어왔고 적어도 현재는 결로가 스틸하우스의 단점이라는 말은 전설로 인식되고 있다. 한국형 정통 스틸하우스를 완성하는 결로방지 디테일을 소개한다.

TRIM-STUD에는 반드시 인슐레이션이 충진되어야 한다.

명품 스틸하우스의 트림-스터드엔 글라스울이나 KS스치로폼 등의 단열재를 충진한다. 글라스울은 단열 성능이 뛰어나고 차음 성능이 우수하므로 그라스울의 충전이 바람직하다. 다만 글라스울의 경우는 우수기에는 적절치 않으므로 박스 테이프나 실리콘 등으로 밀봉처리하는 것을 잊어서는 안 된다.

【 트림-스터드 사이엔 단열재로 충진 】

KS스치로폼 충전시 차음 성능이 저하되지 않도록 스토드에 빈 공간이 없도록 충전하는 지혜가 필요하다.

트러스를타고 벽체에 내려오는 결로를 방지하는 디테일 공법 (탑 트랙 위 방부목의 설치)

스틸하우스의 결로중 트러스를 타고 벽체에 내려오는 결로를 잡을 수 있는 손쉬운 방법으로 탑 트랙 위에 우드 방부목을 설

【 사진27_탑 트랙위 목자재의 설치로 트러스의 열교 현상을 차단 】

치하는 방법이 있다. 우드 방부목이 없는 경우에는 O.S.B를 탑트랙 위에 설치하는 것도 큰 효과를 발휘한다. 이는 나무가 스틸보다는 열전도율이 낮기 때문에 이를 100% 활용한 방안이라 할 수 있다. 물론 이 경우에도 지붕 외단열은 미리 전제되어 있어야 한다.

스틸하우스 모서리 단열 프로그램의 도입

【 사진28_스틸하우스의 모서리에는 우드스터드를 사용 결로 예방 】

【 사진29 스틸하우스 홀다운 주위는 우레탄폼으로 단열 처리 】

스틸하우스 모서리 부분은 보통 홀다운 설치와 TEE STUD의 설치로 보통 6~10개 정도의 스터드가 집중된다. 거기에다 가셋플레이트, 스트랩, 홀다운 등이 설치되어 적외선 카메라로 촬영해보면 모서리 부분이 실내 평균 온도보다 2~3도 정도가 낮게 나타난다. 이는 실내 내부의 더운 공기가 모서리 부분에 쉽게 안착하여 결로가 발생할 수 있는 가장 좋은 조건이 형성된다. 이러한 모서리 부분의 결로 방지 공법으로 우선 홀다운 내부와 그 주위를 우레탄 폼 등으로 반드시 단열처리를 해야 하며 그라스울을 빼곡히 차이도록 충전한다. 그리고 모서리의 END STUD와 TEE STUD를 2 × 6 구조용 목재스터드로 대체하여 시공하는 방법을 권장한다. 목재 스터드의 사용은 6~10개의 스틸스터드의 모서리 집중배치를 대폭 완화시켜 모서리와 실내온도 차이를 저하시킬 수 있을 것이다.

스틸하우스와 이중급수파이프 배관시스템의 도입과 적용

오래된 집에는 무엇이 있을까. 시간의 흔적이 있고 추억이 있고 그 곳에 살아오던 사람들의 향기가 남는다. 오래된다는 것은 다른 의미로는 낡아간다는 것이고 낡아간다는 것은 한편 슬픈 것이기도 하다. 오래된 집에는 추억이 남지만 어느 순간 추억이 퇴색하듯 집의 단단함도 해체되어버리고 만다. 그러나 한국형 정통 스틸하우스의 경우 추억과 세월의 깊이는 간직하되 그 근본은 3대를 물려줄 수 있을 만큼 뛰어난 단열성과 차음성, 지진과 태풍을 견딜 수 있는 내진성과 내구성을 갖춘 집으로 알려져 있다. 특히 건식공법으로서 스틸하우스는 누수하자를 원천적으로 제거한 이중급수파이프 배관시스템을 구현하고 있다. 변화하는 미래의 주거문화를 리드하는 스틸하우스의 혁신적인 설비배관공법을 짚어보고자 한다.

특히 주택은 가족 활동 공간으로서 실용성과 건축물의 안전성이 절대적으로 보장되어야 하는데 뛰어난 단열성과 차음성, 3세대 이상을 물려 줄 수 있을 만큼의 내진성과 내구성이 보장되어야 할 것이다. 특히 주택의 실용성과 안전성을 결정짓는 최고의 요소는 비와 배관누수로부터의 안전일 것이다. 그 아무리 창의적 예술행위가 돋보이는 주택이라도 하루가 멀다하고 누수가 발생된다면 그 주택은 이미 주택으로서의 고유의 기능을 상실했다고 보는 것이 맞을 것이다. 인간에게 혈관이 있듯 건축물에는 전기와 물을 공급하는 배관들이 존재한다. 혈관이 터지면 사망하듯 건축물의 배관 역시 누수가 생기면 건축물에 커다란 피해가 발생한다. 아래의 내용은 주택에 있어서 누수하자 발생에 피해의 실태에 대한 TV 보도내용이다.

"건축이란 물과의 전쟁이다!!!"

건축이란 인간의 여러 가지 생활을 담기 위한 기술 · 구조 및 기능을 수단으로 하여 이루어지는 공간예술이다. 건축은 용도라는 목적성에 적합하여야 하며, 적절한 재료를 가장 합리적인 형식을 취하여 안전하게 이룩되어야 한다. 이로써 건축의 본질은 쾌적하고도 안전한 생활의 영위를 위한 기술적인 전개와 함께, 공간 자체가 예술적인 감흥을 가진 창조성의 의미를 가진다. 건축들은 그 형태가 생활목적에 적합하도록 주어진 소재를 가지고 고정된 공간으로 구성된다. 지진이나 눈 · 비 등에 오래 견딜 수 있고, 화재에도 안전하며 쾌적하고 편리한 공간으로 구성되어야 하고, 또한 아름다운 구조물이며 시설이어야 한다.

"브랜드 아파트도 부실" MBC뉴스 2005.8.31

- 앵커 : 입주한 지 몇 년 되지도 않았는데 바닥에서 물이 새거나 벽이 썩어 들어가는 아파트들이 있습니다. 유명 건설회사가 지은 이른바 브랜드 아파트도 예외가 아닙니다. 현원섭 기자입니다.
- 기자 : 0000 개발이 지어 지난 2000년에 입주한 인천 연수구의 한 아파트... 거실 한쪽이 움푹 파인 채 난방용 배관이 완전히 드러나 있습니다. 촉촉하게 젖은 벽지가 그대로 떨어져 나옵니다. 안방은 더 심각합니다. 누수로 바닥과 벽이 썩어 감전 위험도 있습니다.
- 황인숙 : 피난민 살림처럼 짐을 한군데 다 몰아넣고 이러

다 보니까 말이 아닌 거죠. 살림살이며. 또 정신적으로. 육체적으로 피해가 보통 피해가 아닌 거죠.

- 기자 : 입주한 지 4년이 지난 작년 여름부터 이렇습니다. 하자보수 책임기간은 1년에서 길어야 3년까지입니다. 문제는 하자가 이미 진행되고 있었더라 나중에 발견되는 경우에는 건설사가 책임지지 않는다는 데 있습니다. 소비자보호원이 지난 2년 반 동안 접수된 아파트 관련 피해 339건을 분석한 결과 30%가 누수피해였습니다. 내장재가 분양계약과 다른 경우도 87건이었고 욕실이나 배관설비에 문제가 있는 경우도 많았습니다. 대부분은 보수책임기간이 지나 건설사와의 분쟁으로 이어집니다.
- 박승태 차장 (소비자보호원) : 현행 주택법에 나와 있는 하자보수 책임기간을 좀더 현실화하여 신축적으로 운영할 필요가 있겠습니다
- 기자 : 소비자보호원은 공산품처럼 아파트도 피해보상을 의무화하는 품질보증제도를 도입해야 한다고 밝혔습니다. MBC뉴스 현원섭입니다.

위의 보도기사를 읽고있노라면 왜 그 수 많은 건축가와 주택 엔지니어들이 건축의 형이상학적인 정의 대신 "건축이란 물과의 전쟁이다."라고 말하는 것인지를 알 수 있을 것이다. 최근 들어 공동주택의 수요가 급증하면서 공동주택에서의 배관설비의 중요성은 쾌적한 주거 환경에 대한 욕구 증대와 함께 높아져 가고 있으며 아울러 각종 하자에 대한 사회적 관심이 집중되고 있다. 따라서 건축물 특히 공동주택에 관련된 하자문제는 주택의 원활한 분양과 시공사 이미지 재고에 큰 영향을 미치고 있으며 하자에 대한 국가적제재(P.L 보상법) 또한 더욱 강화되고 있다. 건축물에서 발생하는 각 공정별로 다양하게 발생 할 수 있으나 안전에 큰 영향을 미치는 구조체 관련 하자를 제외하고는 배관설비의 누수하자가 시공사 및 입주자에게 주는 것으로 각종 조사 및 연구결과에 나타나고 있다.

물과의 전쟁에서 필패한 기존의 배관 공법

위의 보도기사에서 볼 수 있듯이 주택의 하자 원인의 60%는 배관라인의 누수에서 비롯된다. 아파트는 말할 것 없고 연립주택, 단독주택, 오피스텔, 병원 등 거의 모든 건축물의 하자발생은 배관 누수에서 시작되는 것이다. 전원주택 혹은 스틸하우스의 경우도 여기에서 벗어나지 않는데 필자의 경험으로도 A/S건의 60~70%는 누수에 의한 하자발생이었다. 그렇다면 이러한 배관누수는 왜 발생하는 것일까? 우선은 배관파이프나 배관부속이 시간이 흐름에 따라 나타나는 노후화 현상이 있을 것이고 건축물 설비 공사시 잘못된 시공 방법에 의하여 발생하는 부실시공이 있을 것이다. 어느 경우이든 누수에 따른 피해는 시공사와 입주자 모두에게 커다란 경제적, 정신적 손실을 입히게 된다. 문제는 기존의 설비공법에서는 설비파이프와 설비부속이 콘크리트 바닥이나 벽체 안으로 매설되어 있기 때문에 누수 발생시 그 원인 지점을 찾기가 쉽지 않다는 데에 있다. 누수탐사기를 사용한다 하더라도 극히 미세한 양의 누수는 잡아내기가 만만치 않기에 포기하고 지내는 경우도 허다하다. 설령 많은 경비를 들여 누수탐사기로 그 지점을 찾는다 해도 그 곳을 보수하기 위해서 매립된 설비 파이프와 부속 때문에 기존의 구조물이나 고급 내외장재를 뜯어내

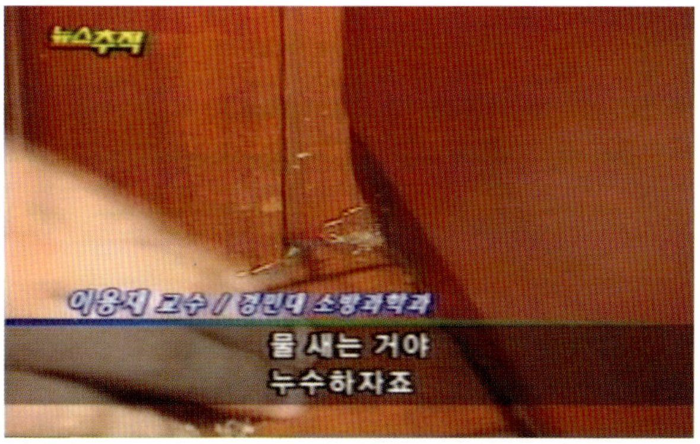

【누수하자발생】

【기존공법의 누수하자 대처 방법】

어 손상을 입힐 수 밖에는 없었다. 그리고 기존의 급수설비 방식은 노후화된 파이프를 원천적으로 교체하기가 어렵기에 파이프안의 슬러지와 오염물을 물과 함께 평생토록 마실 수 밖 에는 없었다. 동절기에는 급수라인의 동파 사고도 종종 경험할 수 밖에는 없었던 것이다. 한편 기존의 급수설비공법에서는 부실시공에 따른 하자 발생의 비율이 만만치 않았다. 일테면 구조체 이렉션 후 설비배관을 하는데 타 공정이 뒤따르면서 설비 파이프를 밟게 되고 이는 설비파이프와 부속의 조임을 느슨하게 하여 시간이 흐른 후 누수의 원인으로 작용하기도 한다. 경우에 따라서는 햇빛에 오래도록 노출되어 경화현상에 이른 설비파이프와 불량 설비부속을 본의 아니게 사용하여 누수를 경험하기도 하는 것이다.

누수에 치명적인 스틸하우스와 목조주택

한편 스틸하우스나 목조주택 등 건식공법은 패널화된 벽체와 바닥기초 부분의 조인 방법으로 누수 발생시 물흐름을 차단할 방수턱 기능이 부재함으로써 누수 시에는 그 피해가 상상을 초월하는데 아이러니칼하게도 기초레벨이 정확할수록 이 피해는 확산될 수 밖에 없다. 우선 누수가 발생되면 누수발생 지점은 물론이거니와 평평한 바닥 면을 타고 누수 지점과는 아무 상관이 없는 모든 바닥체와 하부 벽체를 물에 적시게 되는데 벽체와 천장의 단열재, 바닥재, O.S.B, 석고보드, 마감재 등이 손상을 입게 되어있다. 여기까지의 손상만으로도 그 피해는 상상을 초월하는데 거의 리모델링 수준이라면 믿겨지겠는가? 한편 스틸하우스나 목조주택은 구조적 측면을 강조하는 분위기로 인해 새로운 주거문화에 맞는 혁신적인 설비배관공법의 도입이 저조한 것이 사실이다. 이러다보니 구태의연한 설비 공법들이 답습되어 누수시 그 피해가 더더욱 확산되고 있는 것이다. 건축은 물과의 전쟁이다. 스틸하우스에 있어서 근원적으로 누수를 차단할 수 있는 설비배관공법의 도입이 절실한 이유가 바로 여기에 있는 것이다.

물과의 전쟁에서 원천적으로 승리하는 이중급수파이프 배관시스템

그렇다면 새로운 주거문화 스틸하우스와 궁합이 맞는 설비시스템은 무엇인가?

설비공법의 뉴 트렌드 이중급수파이프 설비시스템이 주목되는 이유가 바로 여기에 있다. 이중급수파이프 배관시스템이란 기존의 설비파이프와 설비 부속을 이중으로 설치하는 공법인데 "PIPE IN PIPE"(파이프 안에 설비 파이프를 집어넣는다) 방식이라 생각하면 쉬울 것이다. 이는 기존의 설비라인 자리를 따라 퍼스트 파이프를 콘크리트 타설 전 미리 설치하고 그 퍼스트 파이프에 급수, 급탕, 난방메인파이프를 매입시키며 수전금구는 별도의 수전함을 설치하여 수전함 안에 모든 설비 부속을 집중시키는 방식이다. 설비부속이 바닥에 매입되지 않음으로서 누수의 80%를 차지하는 설비부속의 누수를 원천적으로 제거하는 효과를 볼 수 있으며 혹시 설비부속에서 누수가 발생하더라도 퍼스트 파이프를 통하여 누수가 분배기함에 집중되므로 구조체나 바닥은 누수의 영향을 전혀 받지 않는 것이다. 경우에 따라서는 수전함에 전자센서를 설치하여 입주자의 핸드폰으로 누수 사실을 알려 주는 유비쿼

【 콘크리트 타설 전 퍼스트파이프 매설 】

【 철골조 시공후 수전함의 설치 】

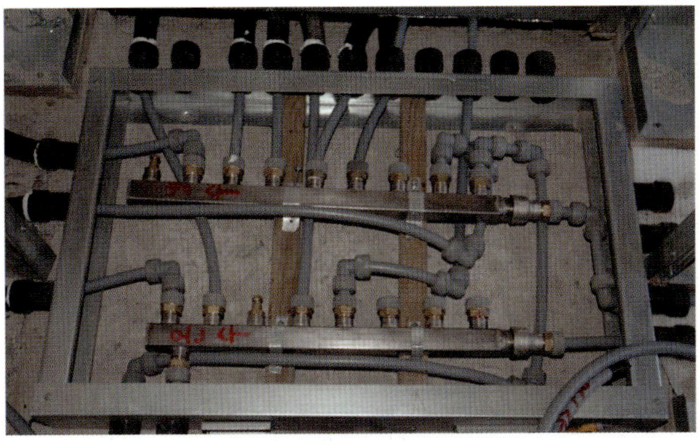

【바닥에 설치된 냉온수 분배기함】

【철골조 시공 후 오픈 수전함의 설치】

터스시스템을 채택 할 수도 있다. 노후화된 급수, 급탕, 난방 메인 파이프등의 세컨드 설비파이프나 설비부속은 벽체에 매입된 수전함을 열고 퍼스트설비 파이프를 통해 끄집어내고 새로운 파이프를 집어넣어 교체하는 획기적인 설비배관시스템이다.

이중급수파이프 배관시스템의 특징

새로운 주거문화에는 새로운 기술이 요구되어진다. 물과의 전쟁에서 승리를 담보하는 설비기술의 뉴트렌드 이중급수파이프 배관시스템의 특징을 정리해 본다.

1. 누수하자 예방

설비파이프의 연결부위가 수전함 내에 있으므로 누수하자 원인을 원천적으로 제거하며 구조체에 매립함으로써 장기간 노출에 의한 파손을 사전에 예방할 수 있다.

2. 유비쿼터스시스템의 실현

누수시 수전함 내에 자동센서를 설치하여 유비쿼터스 자동시스템에 의하여 사전 차단함으로써 누수에 의한 피해를 획기적으로 줄일 수 있다.

3. 동파예방

퍼스트파이프와 벽체매립형 수전함 내에 전기열선장치를 설치하여 동절기 온도 급강하시 자동온도 조절이 되어 배관의 동파를 사전에 예방할 수 있다.

4. 배관의 보수 점검 및 교체가 용이

누수 부위 확인이 용이하고 배관을 교체할 경우 수전금구와 일체화된 오픈커버를 열어 손 쉽게 할 수 있고 특히 마감자재 및 구조물의 손상 없이 단시간 내에 작업 을 완료함으로써 입주자의 불편을 최소화한다.

5. 유량 및 워터해머 현상의 감소

물의 공급은 무분배기 방식으로 하고 수전위치에 수전함을 설치하여 유량을 원활하게 공급하며 플렉시블 호스를 통하여 물이 공급됨으로써 워터해머 현상이 감소하게 된다.

6. 스틸하우스 건축물의 품질 향상

퍼스트파이프를 기초공사전 미리 설치함으로써 건축물의 골조공사 후 집중 투입되는 기존의 설비공정이 골고루 분산되어 타 공정과의 크로스 현상을 줄임으로 타 공사의 품질이 향상된다.

7. 언제나 깨끗한 물과 배관의 유지관리가 간편

배관이 노후되거나 슬러지 발생시 새로운 파이프로 손쉽게 교체 할 수 있어서 유지관리가 간편하고 특히 항상 입주자가 깨끗한 물을 마실 수 있어서 수돗물을 신뢰할 수 있다.

8. 장기적으로 경제적인 설비시스템

당장에 있어서는 이중급수파이프 설비시스템의 설치로 경제적 지출이 요구되나 누수하자를 원천적으로 제어함으로써 누수하자비용이 1/10밖에는 들지 않으므로 장기적인 관점에서는 경제적인 설비시스템이다.

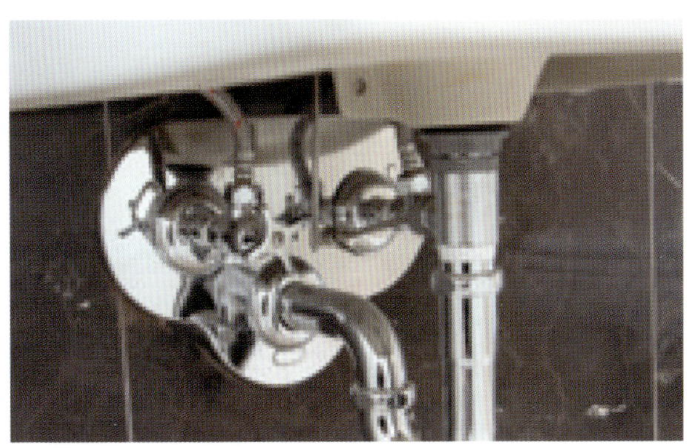

【수전함에 수전금구가 설치된 모습】

스틸하우스와 이중급수파이프 배관시스템 공법의 보완 적용하기

- 기존 RC조에서의 이중급수파이프 배관시스템의 스틸하우스 적용시 문제점과 그 해결보완책 -

그런데 이러한 혁신적인 이중급수파이프 배관시스템은 아파트나 오피스텔 등의 RC조 건축물을 타킷으로 개발되었기에 이 시스템을 건식공법인 스틸하우스나 목조주택에 그대로 적용하기에는 여러 가지 기술적인 난제들이 나타난다. 우선 스틸하우스 적용시 문제점으로 한 개의 수전함에 냉온수기 설치로 결로 발생 가능성이 있어 보온재를 씌우거나 열전도가 낮은 소재의 배관파이프와 부속을 사용하도록 한다. 또한 오픈 수전함에서 밸브 소켓까지 연결관이 플렉시블 호스로 되어 있어 수전함 내에 매입시 냉온수관이 엉켜 결로가 발생하거나 꺾일 가능성이 있다. 그리고 1대1 방식(메인 분배기에서 각 수전함으로 공급하는 방식)이 아닌 점프 방식(수전함에서 수전함으로 배관을 하는 방법)의 경우 오픈수전함, 수전함 박스, 분배기함 등에서 누수시 수전함 끝 부분의 턱으로 물이 수전함 내로 고여 CD관으로 역류할 가능성 존재한다. 이 경우 오픈 수전함은 일체형이어야 하고 속카바의 턱을 제거하여 바깥으로 드레인 홀을 뚫어놓으며 분배기함의 가로 설치를 지양하고 배관이 옆으로 들어가게 설치한다. 한편 기존의 수전함이 RC조를 기준으로 개발되었기에 스틸하우스 구조체에 맞는 스틸하우스용 수전함의 개발이 절실하다할 것이 다.

스틸하우스와 이중급수파이프 배관시스템 도입의 효과

'신은 디테일 속에 있다(God is in the Dtail)' 라는 유명한 격언이 있다. 그랜드 스케일의 구도와 설계, 엄청난 규모의 시공을 통해 이뤄지는 건축물도 최종적으로 그것을 완성하는 힘은 건물 전체에 스며 있는 세심함과 마무리의 노력에 있다는 말이다. 이중 급수 배관 공법은 기존의 벽체를 뜯지 않고서도 노후된 파이프를 교체하거나 배관 부속의 보수가 가능하다. 기존 매립 방법의 단점인 인위적 배관훼손과 구조체의 훼손을 방지하고 신속하고 정확한 시공이 가능한 것이다. 새로운 주거문화 스틸하우스에서 이중급수파이프 설비시스템은 적어도 급수시설의 누수에 대한 걱정을 아예 지워버림으로써 하자 발생의 스트레스를 날려버릴 수 있는 획기적인 설비시스템이다. 이러한 스틸하우스 이중급수파이프 배관시스템의 도입으로 스틸하우스는 누수 하자에 대한 능동적 대처 가능해지고 낙후된 건식건축의 급수배관 공법의 취약성을 극복하여 하이테크한 스틸하우스 이미지의 제고를 통해 물과의 전쟁에서 원천적으로 승리할 수 있는 원천기술을 확보 할 수 있는 것이다. 결국 이는 스틸하우스의 주거성능의 질적 향상 추구와 이에 따른 고객 만족에 의한 스틸하우스의 수요 확대에 커다란 영향을 미칠 것이다.

【 이중 급수파이프 배관시스템이 적용된 화장실 】

【 이중 급수파이프 배관시스템이 적용된 수정금구 】

【 이중 급수파이프 배관시스템이 적용된 양변기 】

【 이중급수파이프 배관시스템이 적용된 판교 스틸하우스 】

STEEL HOUSE

스틸하우스 【작품편】

목도리 전원주택 | Mokdo-ri housing

삼진스틸하우스

위치_경남 하동군 하동읍 목도리 | **건축면적**_1층- 109.091㎡, 2층 - 46.281㎡ | **기초오차율**_1-2 m/m | **스틸하우스 철물**_ MAS, 허리케인타이, 홀다운, L-앙카 등 | **건축구조**_1, 2층 스틸하우스구조 | **구조보강**_I-헤더구조, 웹 스티프너, 월블럭킹, X-RACE | **스터드 단열재**_R-11, R-19인슈레이션 | **외벽체 외단열**_10m/m아이소핑크 | **지붕 외단열**_10m/m아이소핑크+알루마슈퍼 (열반사단열재) | **층간 차음 구조**_조이스트패널 차음시스템+100m/m CON,C | **결로방지디테일**_실실러+방부목토대 설치, 탑트랙위 방부목 설치 | **외부마감**_스마트블릭 & 하디사이딩 & 적삼목트림재 | **내부마감**_강화마루 및 실크벽지 | **설계**_삼진스틸하우스

섬진강과 지리산이 만들어 준 환상의 스틸하우스.

드넓은 섬진강이 한눈에 들어오도록 조망을 극대화하기 위해 동남향에 자리를 잡았다. 이 집을 바라볼때면 주변 자연의 아름다움과 함께 성체를 연상케 하는 팔각지붕이 인상적임을 느낄 수 있다.

또한, 창으로 포인트를 준 외관이 돋보인다.

외벽은 시멘트 사이딩에 흰색 페인트로 마감하였고, 지붕라인은 박공지붕을 채택하여 역동성에 중점을 두었다.

새가 날아오르는듯한 모습을 형상화 한 것이다.

1층 평면도

2층 평면도

가암리 전원주택 | Ga-am-ri housing

삼진스틸하우스

위치_전남 담양군 남면 가암리 ' **건축면적**_1층-85.951㎡, 2층- 39.670㎡ ' **기초오차율**_2-3 m/m ' **스틸하우스 철물**_ MAS, 허리케인타이, 홀다운, L-앙카 등 ' **건축구조**_단층 스틸하우스 구조 ' **구조보강**_I-헤더구조, 웹 스티프너, 월블럭킹, X-RACE ' **스터드 단열재**_R-11, R-19인슈레이션 ' **외벽체 외단열**_10m/m 아이소핑크 ' **지붕 외단열**_100T 우레탄판넬 ' **외부마감**_우드사이딩+비닐사이딩 ' **내부마감**_강화마루, 실크벽지, 우레탄도장 ' **설계**_삼진스틸하우스

화이트톤으로 구성된 이 주택은 뒷편의 소나무 숲과 동산이 어우러져 어릴적 읽었던 동화속 이미지를 느끼게 한다. 1층은 박공형 지붕과 돌출 벽체를 대입하여 성채와 같은 유럽풍의 이미지를 추구하였고, 2층은 모임지붕으로 꾸며 안정적인 느낌을 주었다. 실내의 주방 쪽에는 별도의 데크를 내어 제 3의 공간으로서의 활용도를 극대화 하였다.

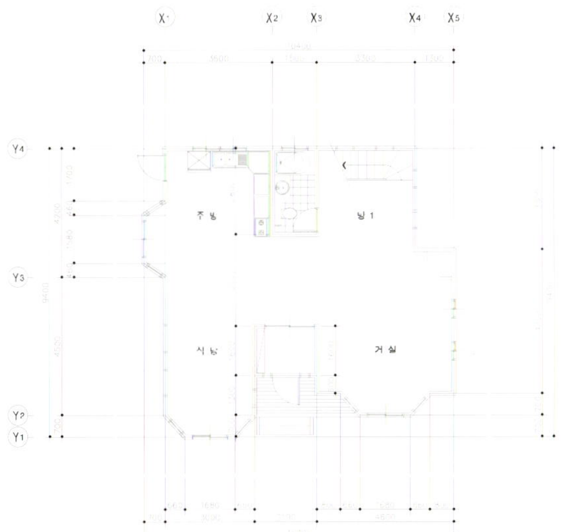

1층 평면도

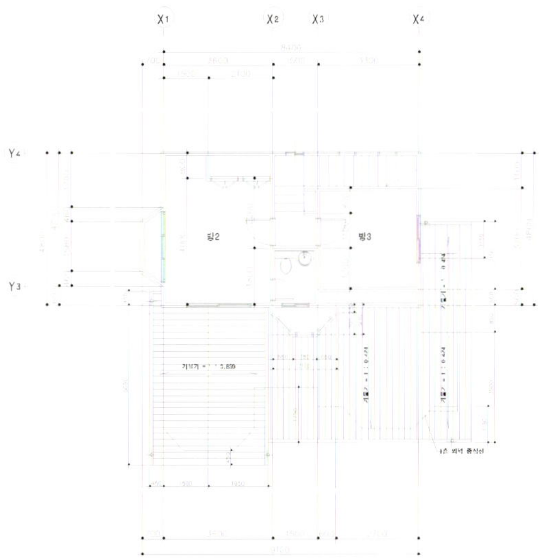

2층 평면도

포시즌 펜션 I Four-Season Pension

삼진스틸하우스

위치_경기도 가평군 가평읍 복장리 ' **건축면적**_1층- 99.174㎡, 2층- 52.893㎡ ' **기초오차율**_2-3 m/m ' **스틸하우스 철물**_ MAS, 허리케인타이, 홀다운, L-앙카 등 ' **건축구조**_단층 스틸하우스구조 ' **구조보강**_I-헤더구조, 웹 스티프너, 월블럭킹, X-RACE ' **스터드 단열재**_R-11, R-19인슈레이션 ' **외벽체 외단열**_10m/m아이소핑크 ' **지붕 외단열**_100T 우레탄 판넬 ' **외부마감**_우드사이딩+비닐사이딩 ' **내부마감**_강화마루 및 실크벽지 ' **설계**_삼진스틸하우스

청평호가 한눈에 내려다보이는 작은 펜션단지. 이 단지의 가장 큰 특징은 마당마다 자리하고 있는 수영장과 그 주위로 펼쳐진 데크이다. 데크는 거실 전면의 창을 통해 수영장과 바로 연결된다.

외관은 흰색 사이딩을 주 마감재로 선택하여 편안한 전원주택의 이미지를 입구에서부터 느끼게 한다. 갈색 사이딩으로 마감한 8각 매스는 1층의 거실과 2층의 넓은 테라스 역할을 동시에 해내고 있다.

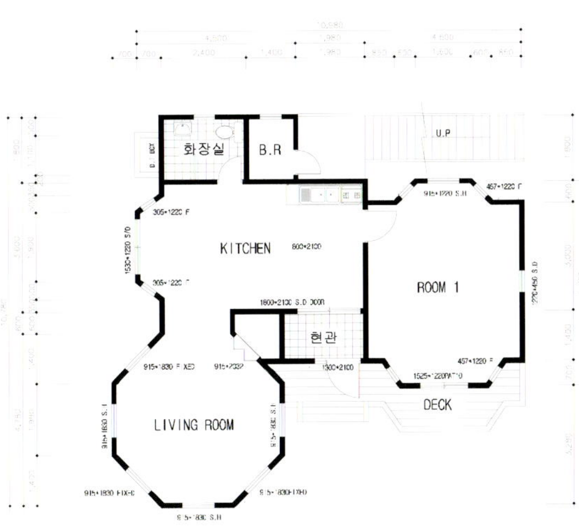

화장실
B.R
U.P
KITCHEN
ROOM 1
현관
DECK
LIVING ROOM

1층 평면도

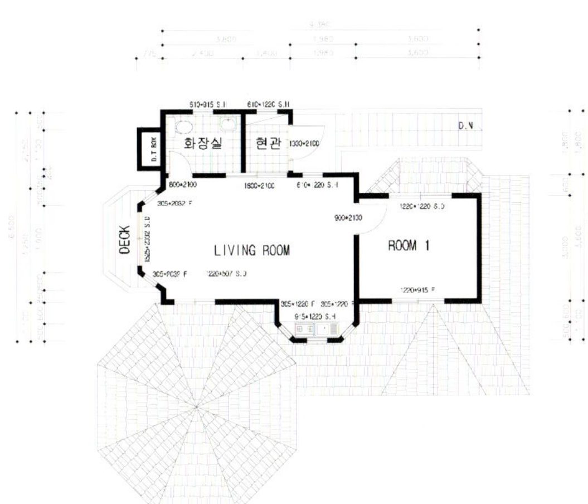

화장실
현관
D.N
DECK
LIVING ROOM
ROOM 1

2층 평면도

포-시즌 펜션

조곡동 전원주택 | Jogok-dong housing

삼진스틸하우스

위치_전남 순천시 조곡동 | **건축면적**_1층-105.79㎡, 2층- 42.975㎡ | **기초오차율**_1-2 m/m | **스틸하우스 철물**_ MAS, 허리케인타이, 홀다운, L-앙카 등 | **건축구조**_1,2층 스틸하우스구조 | **구조보강**_헤더구조, 웹 스티프너, 월블럭킹, X-RACE | **스터드 단열재**_R-11, R-19인슈레이션 | **외벽체 외단열**_10m/m아이소핑크 | **지붕 외단열**_10m/m아이소핑크+알루마슈퍼 (열반사단열재) | **층간 차음 구조** _조이스트패널 차음시스템+100m/m CON,C | **결로방지디테일**_실실러+방부목토대 설치, 탑트랙위 방부목 설치 | **외부마감**_우드사이딩+비닐사이딩 | **내부마감**_강화마루 및 실크벽지 | **설계**_삼진스틸하우스

조곡동 주택은 주변의 지면보다 높게 건물을 배치하여 텃밭을 울타리로 구성시킨 숲속같은 웰빙주택이다.
구조적으로는 기초수평레벨오차율 제로를 이룬 주택으로 완벽한 외단열공법과 바닥 · 천장 모서리의 결로 방지 프로그램을 구현시켰다. 외형적인 이미지는 날아오를듯한 역동성을 표현하기 위해 박공지붕을 선택하였다.

1층 평면도

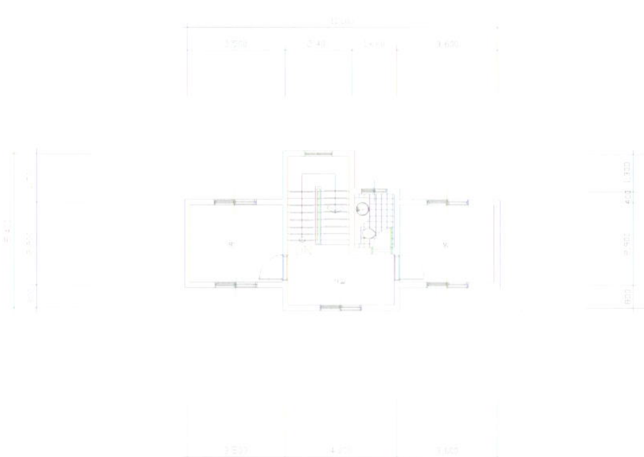

2층 평면도

판교리 전원주택 I Pangyo-ri housing

삼진스틸하우스

위치_전남 순천시 서면 판교리 ' **건축면적**_1층 - 191.737㎡, 2층 - 49.587㎡ ' **기초오차율**_1-2 m/m ' **스틸하우스 철물**_ MAS, 허리케인타이, 홀다운, L-앙카 등 ' **건축구조**_1, 2층 스틸하우스구조 ' **구조보강**_I-헤더구조, 웹 스티프너, 월블럭킹, X-RACE ' **스터드 단열재**_R-11, R-19인슈레이션 ' **결로방지디테일**_바텀, 탑트랙 방부목 설치 ' **외벽체 외단열**_공기층 외단열 공법 (10M/M 공기층+ 아이소핑크) ' **지붕 외단열**_ 10m/m아이소핑크+알루마슈퍼 (열반사단열재) ' **외부마감**_마트블릭+하디사이딩+적삼목트림재 ' **내부마감**_천연무늬목& 친환경실크벽지 & 강화마루 ' **설계**_삼진스틸하우스

궁전의 그랜드한 스케일과 웅장함, 그리고 엘레강스한 세련된 실내디자인을 동시에 연출하기로 했다.
외관의 포인트를 위해 품격 높은 외관미를 연출해 주는 호주산 스마트블릭과 고급스러운 천연질감을 표현하는 적삼목 사이딩을 채택하여 주택의 노블리스한 이미지를 극대화 시켰다.
내장재는 천연질감을 살리고 자연친화적인 공간미를 느낄 수 있는 오크 무늬목을 채택했다.
클래식하고 내츄럴한 궁전의 분위기를 자아내고 있다.

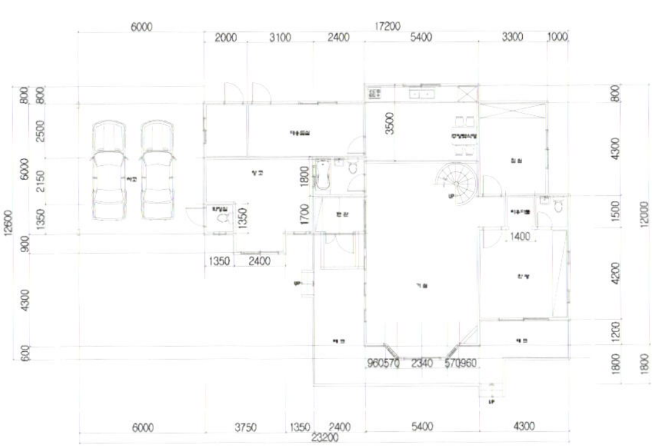

1층 평면도

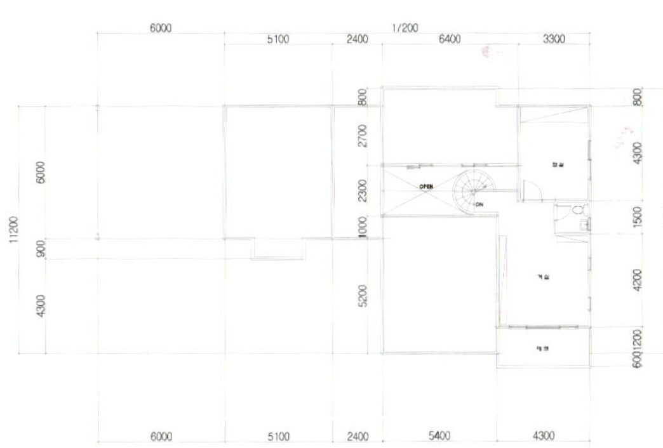

2층 평면도

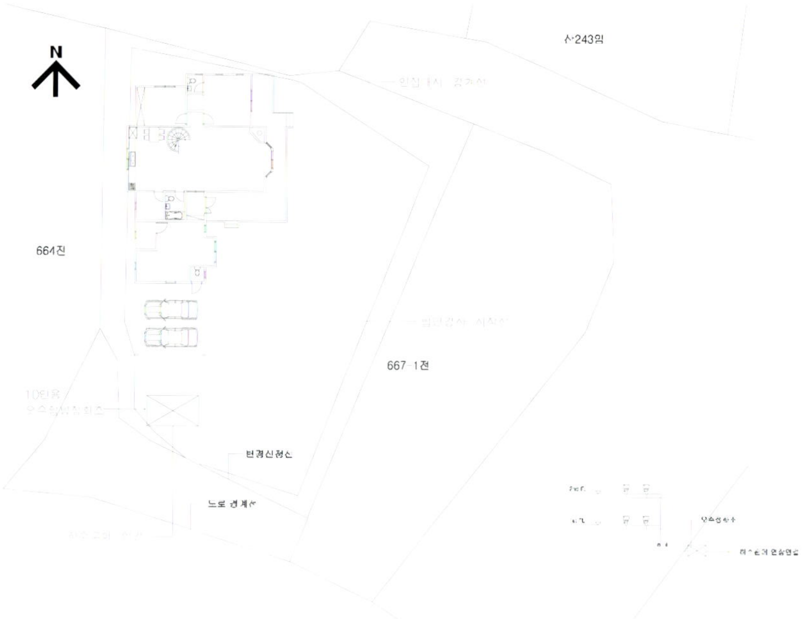

배치도

청호리 전원주택 I Cheong-ho-ri housing

삼진스틸하우스

위치_전남 무안군 일로읍 청호리 ' **건축면적**_1층 - 99.174㎡, 2층 - 16.529㎡ ' **기초오차율**_1 m/m ' **스틸하우스 철물**_ MAS, 허리케인타이, 홀다운, L-앙카 등 ' **건축구조**_1, 2층 스틸하우스구조 ' **구조보강**_I-헤더구조, 웹 스티프너, 월블럭킹, X-RACE ' **스터드 단열재**_R-11, R-19인슈레이션 ' **외벽체 외단열**_공기층 외단열 공법 (10M/M 공기층+아이소핑크) ' **지붕 외단열**_10m/m아이소핑크+알루마슈퍼 (열반사단열재) ' **결로방지디테일**_ 바텀, 탑트랙 방부목 설치 ' **외부마감**_스마트블릭, 우드사이딩, 비닐사이딩 ' **내부마감**_친환경무늬목, 친환경실크벽지, 강화마루 ' **설계**_삼진스틸하우스

화려한 외관보다는 주변 환경과 조화될 수 있는 디자인을 채택해 자연미가 돋보이는 주택이다. 주택중앙에 뻐꾸기형의 2층 공간과 주차장을 연속으로 만들어 작은 평수임에도 대저택의 면모를 느낄 수 있다. 데크를 이어 외부공간과 연계된 모임장소로 활용할 수 있는것도 디자인의 기능적 특징이다.

내부는 친환경무늬목로 마감해 친환경인테리어로 완성시켰다.

3800
15600
4300
1700
1300
1800
3200
3300
900
다용도실
1500
1900
2900
9600
4800
2100
4700
9600
3400
1500
2100
안방
침실
거실
주방
식당
DECK
3400
3900
5000
3300
3800
15600
1000

평면도

다시면 전원주택 | Dasi-myeon housing

삼진스틸하우스

위치_전남 나주시 다시면 | **건축면적**_99.174㎡ | **기초오차율**_1 m/m | **스틸하우스 철물**_ MAS, 허리케인타이, 홀다운, L-앙카 등 | **건축구조**_1, 2층 스틸하우스구조 | **구조보강**_I-헤더구조, 웹 스티프너, 월블럭킹, X-RACE | **스터드 단열재**_R-11, R-19인슈레이션 | **외벽체 외단열**_공기층 외단열 공법 (10M/M 공기층+ 아이소핑크) | **지붕 외단열**_10m/m아이소핑크+알루마슈퍼 (열반사단열재) | **결로방지디테일**_바텀, 탑트랙 방부목 설치 | **설비시스템**_이중급수파이프 설비시스템 | **외부마감**_우드사이딩+비닐사이딩 | **내부마감**_강화마루 & 친환경 실크벽지 | **설계**_삼진스틸하우스

유럽풍의 세련미를 한국적으로 연출한 주택이다.
사이딩을 이용한 화이트 컬러의 외관이 전체적인 풍경을 화사하게 느끼게 해 주며, 팔각의 루프와 데크는 화이트 컬러의 주택을 더욱 선명하게 드러내준다.

실내에는 세로로 긴 창을 설치해 빛이 실내 깊숙히까지 밝혀주며, 각 방과 거실은 커다란 전면 창으로 구성하여 채광과 통풍을 배려하였다. 적당히 경사진 모임과 박공지붕이 주택 전체에 안정감과 통일감을 준다.

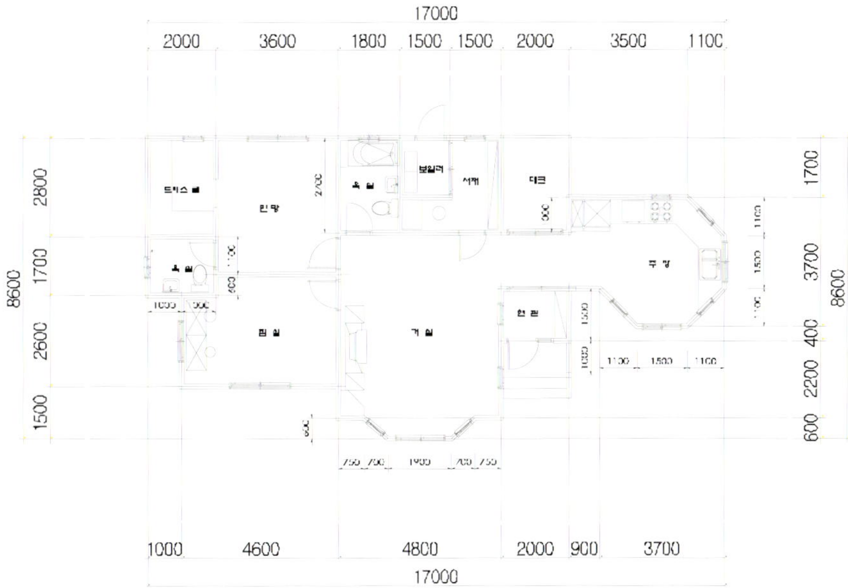
17000
2000 3600 1800 1500 1500 2000 3500 1100
2800
1700
2600
1500
8600
1700
3700
400
2200
600
8600
1000 4600 4800 2000 900 3700
17000

평면도

대방리 전원주택 | Daebang-ri housing

삼진스틸하우스

위치_전남 담양군 수북면 대방리 ' **건축면적**_단층 132,232㎡ ' **기초오차율**_1 m/m ' **스틸하우스 철물**_MAS, 허리케인타이, 홀다운, L-앙카 등 ' **건축구조**_1, 2층 스틸하우스구조 ' **구조보강**_웹 스티프너, 월블럭킹, X-RACE ' **스터드 단열재**_R19 인슐레이션 ' **외벽체 외단열**_공기층 외단열 공법 (10M/M 공기층+아이소핑크) ' **지붕 외단열**_10m/m아이소핑크+알루마슈퍼 (열반사단열재) ' **결로방지디테일**_바텀, 탑트랙 방부목 설치 ' **외부마감**_스마트블릭, 적삼목사이딩, 비닐사이딩 ' **내부마감**_강화마루 및 실크벽지 ' **설계**_삼진스틸하우스

화려하거나 웅장한 호화주택이 아닌, 금방이라도 누군가가 문을 열고 반겨줄 듯한 정감이 느껴지는 아늑하고 편안한 집이다.
주택의 내부도 가족 구성원에 맞추어진 생활공간을 위주로 계획하였다. 주변의 경치가 한눈에 조망되는 거실은 아침이면 햇살이 가득 차 난방이 따로 필요 없을 만큼 따스함을 느낄 수 있다.
가족의 행복이 느껴진다.

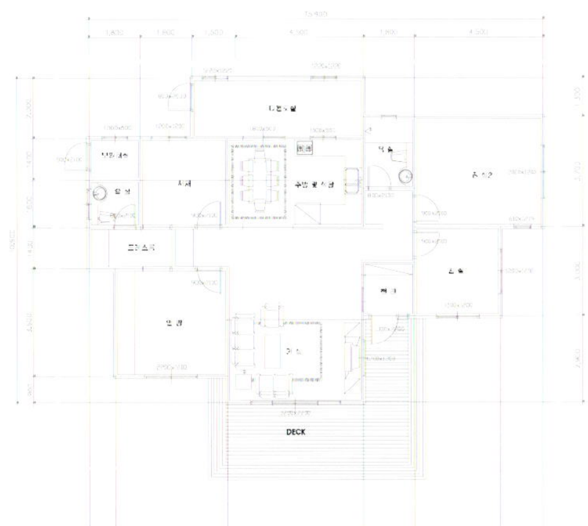

1층 평면도

모전동 전원주택 I Mojeon-dong housing

삼진스틸하우스

위치_경북 문경시 모전동 ' **건축개요**_1층 - 99.174㎡, 2층 -16.529㎡/ 연면적- 115.703㎡ ' **기초오차율**_1-2 m/m ' **스틸하우스 철물**_MAS, 허리케인타이, 홀다운, L-앙카 등 ' **건축구조**_1, 2층 스틸하우스구조 ' **구조보강**_웹 스티프너, 월블럭킹, X-RACE ' **스터드 단열재**_ R19 인슐레이션 ' **외벽체 외단열**_공기층 외단열 공법(10M/M 공기층+열반사단열재) ' **지붕 외단열**_10m/m아이소핑크, 알루마수퍼 (열반사단열재) ' **내부마감**_천연무늬목, 실크벽지, 강화마루 ' **외부마감**_스마트블릭, 하디사이딩, 적삼목트림재 ' **설계**_삼진스틸하우스

가로축 지붕선과 세로축 지붕선이 교차와 만남을 반복하는 지붕선만으로도 외관의 특징을 첫 순간 느끼게 해 준다. 주택 전면은 데크를 둘러 건물과 정원의 소통장치로 활용된다. 지붕 모양의 패턴을 따라 마감한 거실은 깊고 높은 광폭의 시원함과 개방감을 느끼게 해 준다. 천연무늬목의 클래식하고 네추럴한 분위기가 인테리어의 포인트 요소로 돋보인다.

세콤경비구역
SECOM

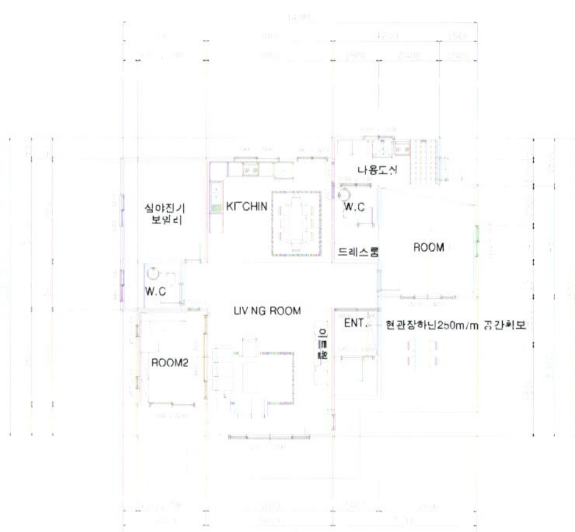

1층 평면도

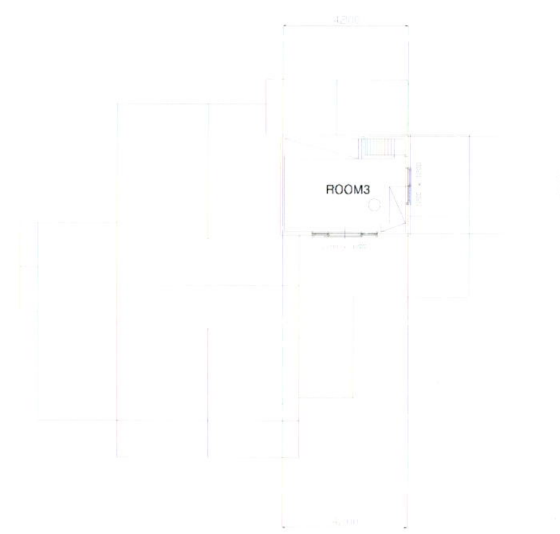

2층 평면도

세콤경비구역
SECOM
1588-3112

목동 전원주택 | Mokdong housing

경기스틸하우징

위치_경기도 광주시 목동 ' **대지면적**_540.00㎡ ' **건축면적**_ 122.49㎡ ' **연면적**_191.87㎡ ' **건축규모**_지상 2층 ' **외부마감**_지붕 - 아스팔트 싱글, 벽 - 호주산 스마트블릭 인조석, 시멘트 사이딩 ' **내부마감**_천정 - 페인트, 인테리어 패널 / 벽 - 실크벽지, 대리석 / 바닥 - 강화마루 ' **설계**_김건축사사무소

전원주택 단지 내에 자리한 주택으로 심한 경사지를 감안하여 각 공간마다 경사차를 두어 설계하였다.
외관은 백색의 사이딩 벽체와 회색의 아스팔트 싱글로 마감한 지붕과 데크가 조화를 잘 이루고 있다.

넓은 잔디정원에는 채소밭과 캠프파이어를 위한 공간이 있으며, 옛날 수동식 펌프는 추억스럽고 평화로운 휴식공간으로 연출해 준다. 주택외곽으로는 아기자기하게 꾸며진 조경으로 전원주택의 묘미를 한껏 느낄 수 있다.

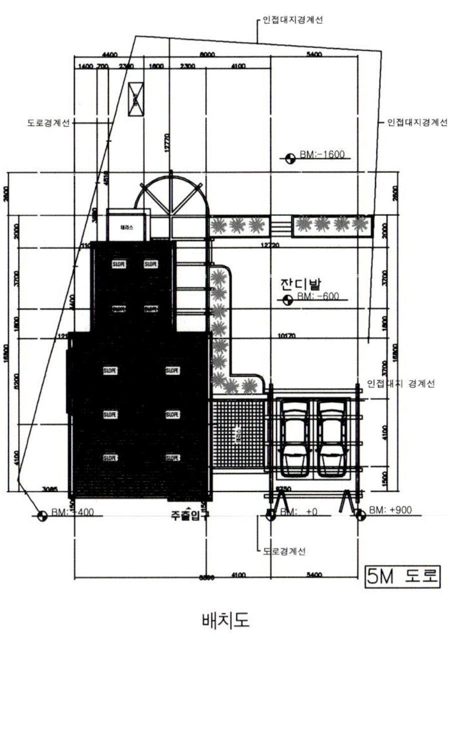
인접대지경계선
도로경계선
인접대지경계선
BM:-1600
잔디밭
BM:-600
인접대지 경계선
주출입구
BM:+0
BM:+900
도로경계선
5M 도로

배치도

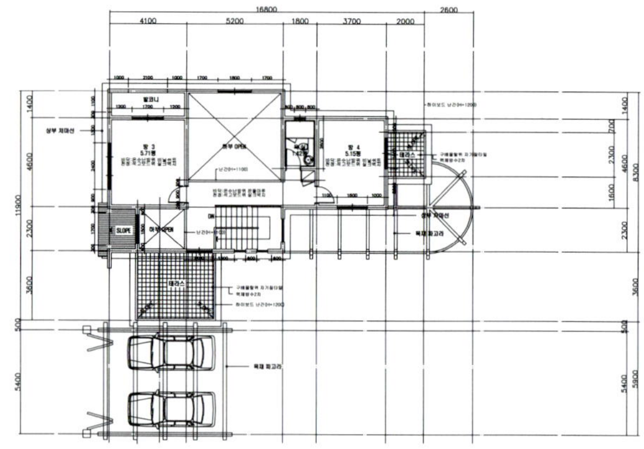

2층 평면도

Double A
Double A

초월 전원주택 | Cho-weol housing

경기스틸하우징

위치_경기도 광주시 초월읍 ' **대지면적**_660.00㎡ ' **건축면적**_ 1층 -105.86㎡, 2층 - 53.40㎡ ' **연면적**_195.26㎡ ' **건축규모**_지하 1층 주차장 36㎡ (10평) , 스틸하우스 지상 2층 ' **외부마감**_이중 그림자 아스팔트 싱글 / 시멘트사이딩,인조석 ' **내부마감**_천정 / 벽 - 실크벽지, 타일 / 바닥 - 강화마루 ' **설계**_김건축사사무소

이 주택을 한마디의 형용사로 표현한다면 심플(simple)과 미니멀(minimal)이라 할 수 있다. 크지 않은 규모에 비해 세련됨과 적정한 웅장함이 느껴지기 때문이다. 건물 우측면의 높은 굴뚝은 주택의 포인트가 되면서 시선이 수직으로도 움직이도록 유도한다.

식당의 외벽을 주방과 거실 벽보다 더 바깥쪽으로 배치해 공간이 자연스레 분리되어 보이기 때문이다. 2층에는 가족실을 중앙에 두고 양쪽으로 아이들 방을 마련하였다. 두 자녀가 있는 경우에 흔히 볼 수 있는 설계로 성별과 나이에 맞추어 각각의 방을 꾸몄다.

ADT

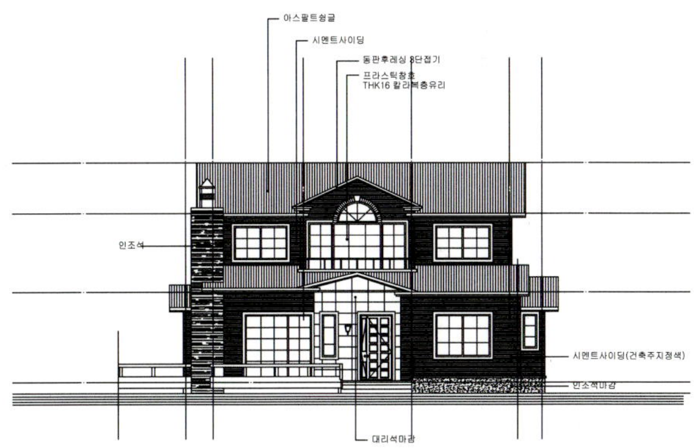
아스팔트쉥글
시멘트사이딩
동판후레싱 3단접기
프라스틱창호
THK16 칼라복층유리
인조석
시멘트사이딩(건축주지정색)
인조석마감
대리석마감

남측면도

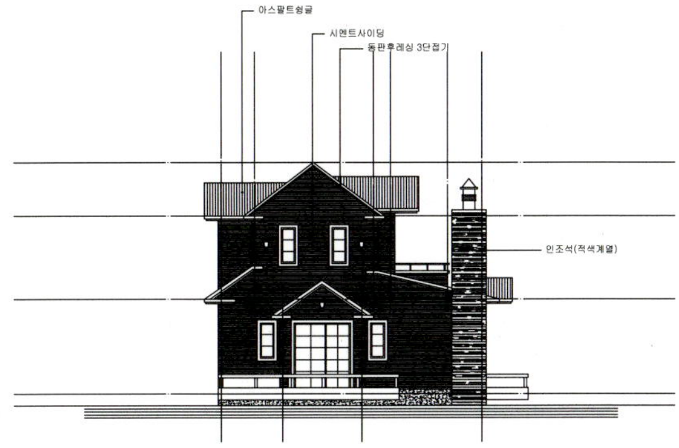
아스팔트쉥글
시멘트사이딩
동판후레싱 3단접기
인조석(적색계열)

서측면도

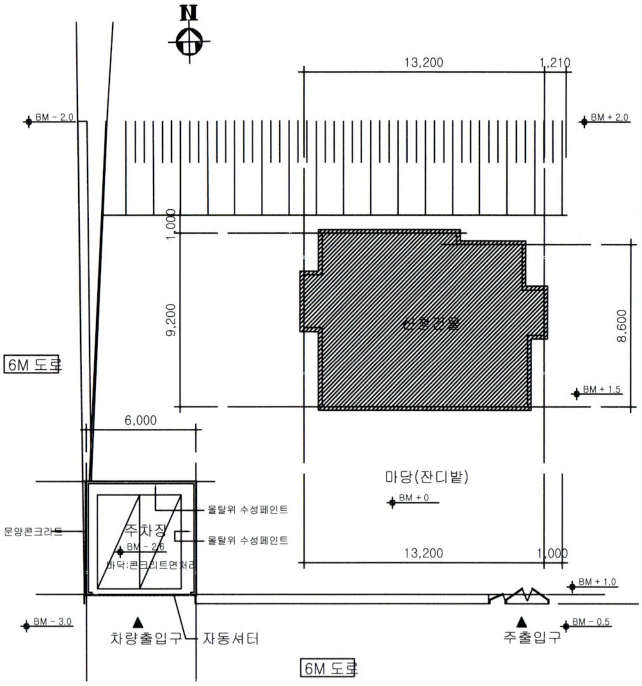
N
13,200
1,210
BM - 2.0
BM + 2.0
1,000
9,200
8,600
6M 도로
BM + 1.5
6,000
마당(잔디밭)
BM + 0
13,200
1,000
BM + 1.0
몰탈위 수성페인트
몰탈위 수성페인트
문양콘크라트
주차장
BM - 2.6
바닥:콘크리트면처리
BM - 3.0
차량출입구
자동셔터
주출입구
BM - 0.5
6M 도로

배치도

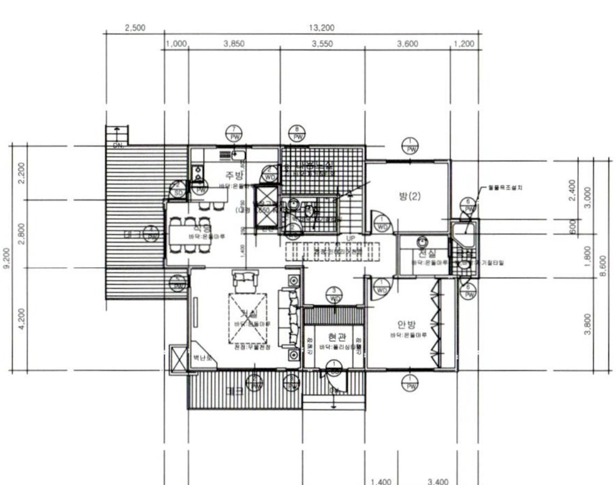

1층 평면도

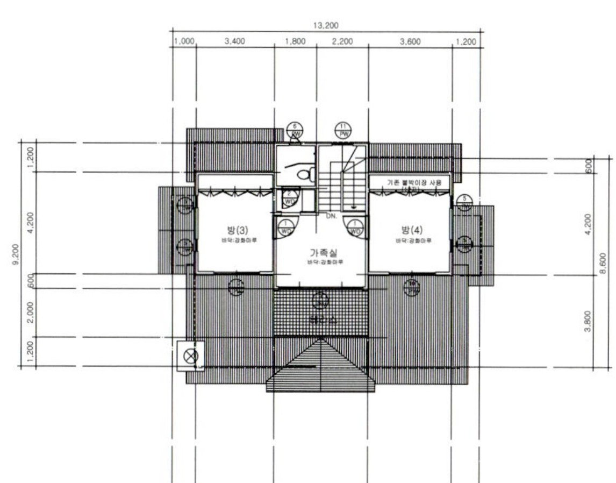

2층 평면도

조원동 전원주택 | Jowon-dong housing

경기스틸하우징

위치_경기도 수원시 조원동 | **대지면적**_331.00㎡ | **건축면적**_124.91㎡ | **연면적**_322.91㎡ | **건축규모**_스틸하우스 지상 2층 (수영장, 기계실, 주차장 지하 1층) | **외부마감**_지붕 - 이중 그림자 아스팔트싱글 / 벽 - 스마트블릭, 적삼목 사이딩, 테라코타 | **내부마감**_천정 - 실크벽지 / 벽 - 실크벽지, 황토타일 / 바닥 - 강화마루 | **설계**_김건축사사무소

종으로 긴 대지와 경사를 최대한 이용하여 주차공간으로 활용한 모던 스타일의 디자인으로 도심 주택가의 분위를 거슬리지 않게 설계하였다. 높은 지형을 이용한 주차공간과 함께 주택의 좌측에는 수영장을 설치하였고, 작지만 잘 꾸며진 정원이 특색있게 보인다.

실내에는 다양한 크기와 형태의 창문, 특히 외부마감재인 스마트블릭과 주택의 동지붕 기와가 서로 어울리면서 독특한 분위기를 자아낸다. 주택의 옥상부분에도 공간활용을 효과적으로 활용할 수 있도록 평 슬라브로 설계하였다.

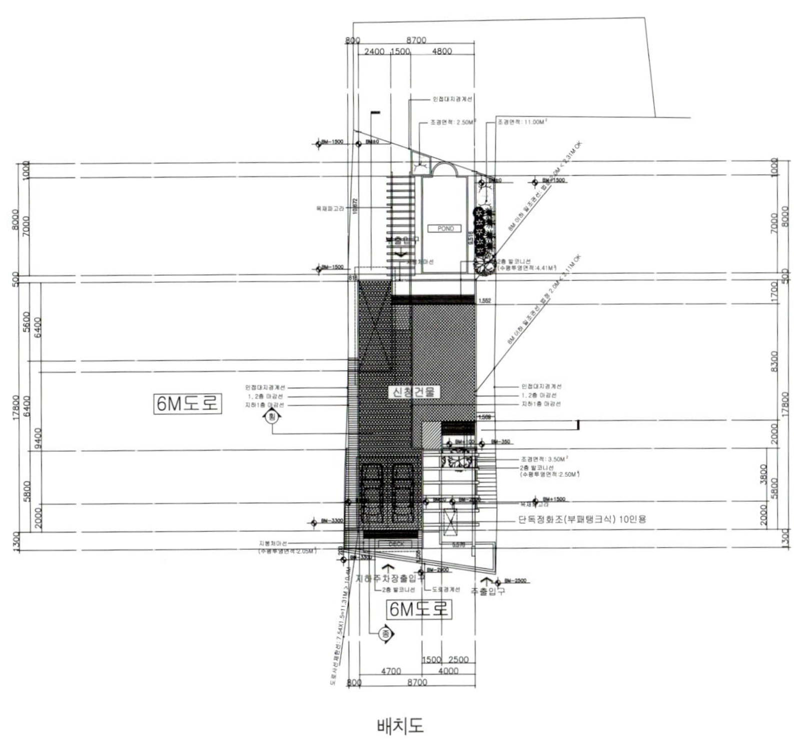

배치도

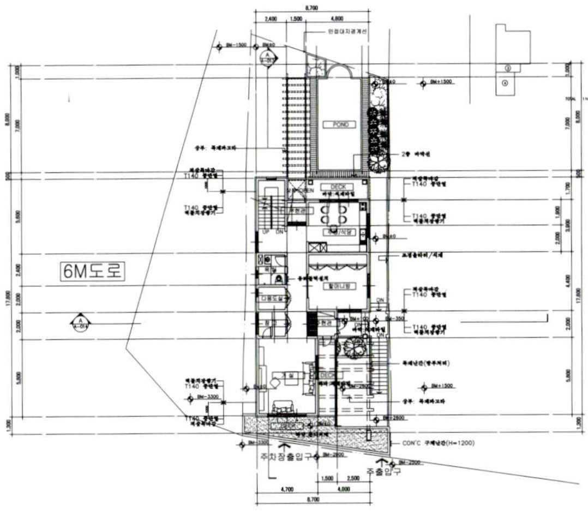

1층 평면도

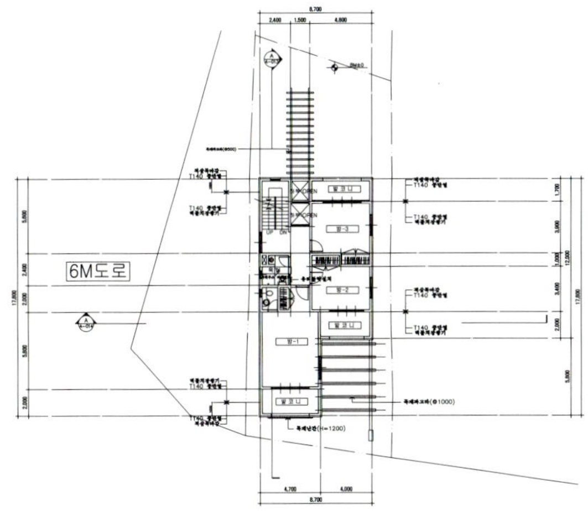

2층 평면도

동측면도

동천동 전원주택 | Dongcheon-dong housing

경기스틸하우징

위치_경기도 용인시 수지구 동천동 ' **대지면적**_448㎡ ' **건축면적**_88.45㎡ ' **연면적**_177.26㎡ ' **건축규모**_스틸하우스 지상 3층 ' **외부마감**_지붕 - 아스팔트 싱글 / 벽 - 치장벽돌, 스마트블릭, 적삼목 사이딩, 커튼월, 인조석 ' **내부마감**_천정 - 실크벽지, 인테리어 패널 / 벽 - 실크벽지, 에코카라트 / 바닥 - 온돌마루 ' **설계**_김건축사사무소

경사지고 좁은 대지의 단점을 효과적으로 보완하여 설계한 주택으로, 설계초부터 최대한 실용적인 공간 활용에 초점을 두어 진행하였다. 충분한 외부 공간 확보를 위해서 건물은 최대한 뒤쪽으로 배치하였고, 정원을 보다 넓게 활용하기 위해 전면 데크는 필요한 곳에만 낮게 시공하였다.

또한, 주택의 건축 면적을 줄이는 대신 1, 2층에 다락으로 구성된 3층을 구성하여 보완하였다. 실내에 들어서면 후면 데크와 정원이 커튼월을 통해 한 눈에 들어온다.

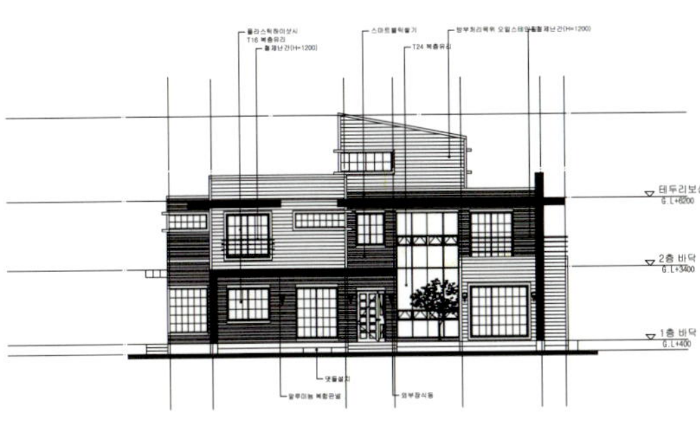

서측면도

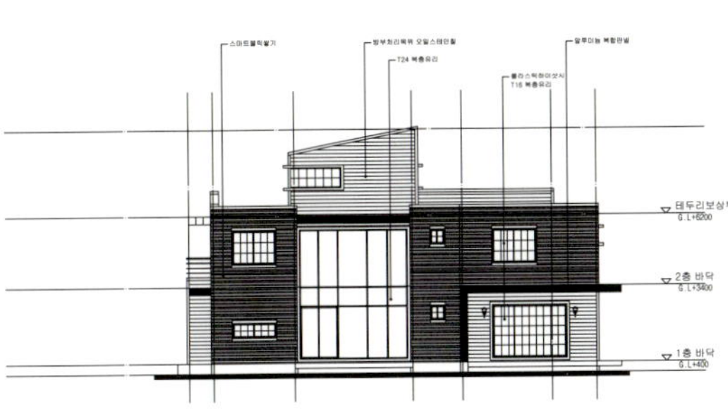

동측면도

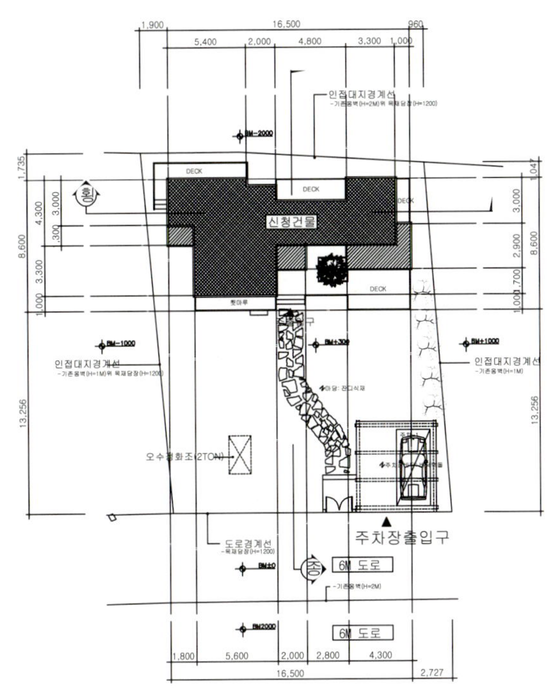

배치도

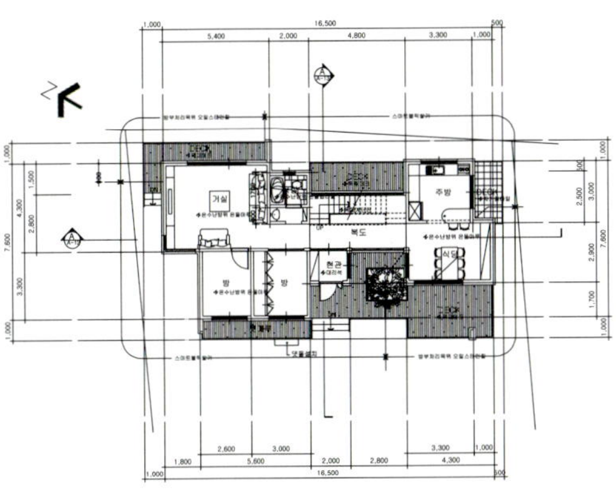

1층 평면도

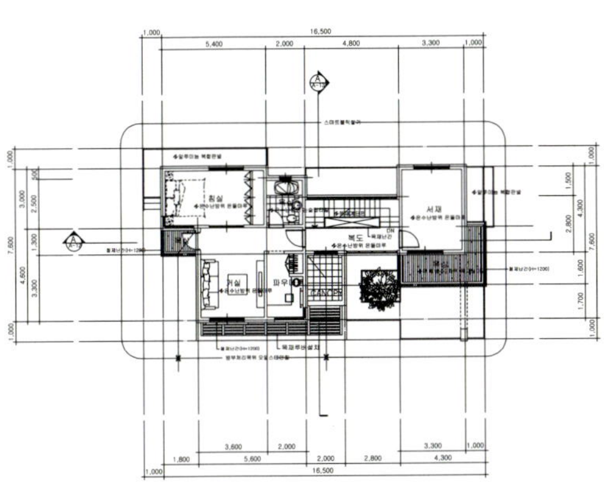

2층 평면도

장죽리 전원주택 I Jangjuk-ri housing

경기스틸하우징

위치_경기도 안성시 금광면 장죽리 ˡ **대지면적**_655.00㎡ ˡ **건축면적**_120.62㎡ ˡ **연면적**_179.12㎡ ˡ **건축규모**_스틸하우스 지상 2층 ˡ **외부마감**_지붕 - 이중 그림자 아스팔트싱글 / 벽 - 치장벽돌 스마트블릭, 인조석, 테라코타 ˡ **내부마감**_천정 - 실크벽지 / 벽 - 실크벽지, 대리석 / 바닥 - 강화마루 ˡ **설계**_김건축사사무소

저수지 건너에서부터 언뜻언뜻 모습을 내비치는 건물은 뒷산과 저수지 기세에 눌리지 않고 듬직하게 보이는, 한마디로 케슬(castle)을 연상케 한다. 외벽을 치장벽돌, 스마트블릭, 인조석으로 마감하고 매스를 감싸는 지붕을 얹어 육중한 무게감이 느껴진다.

위치적으로도 뛰어난 전망을 가진 주택의 장점을 최대한 살리기 위해 주방과 욕실을 제외한 실내 1, 2층의 거실, 식당, 방을 모두 전면에 배치하였다. 그리고 공간마다 넓은 창을 내어 아름답고 시원스런 자연의 풍경이 한눈에 들어올 수 있도록 하였다.

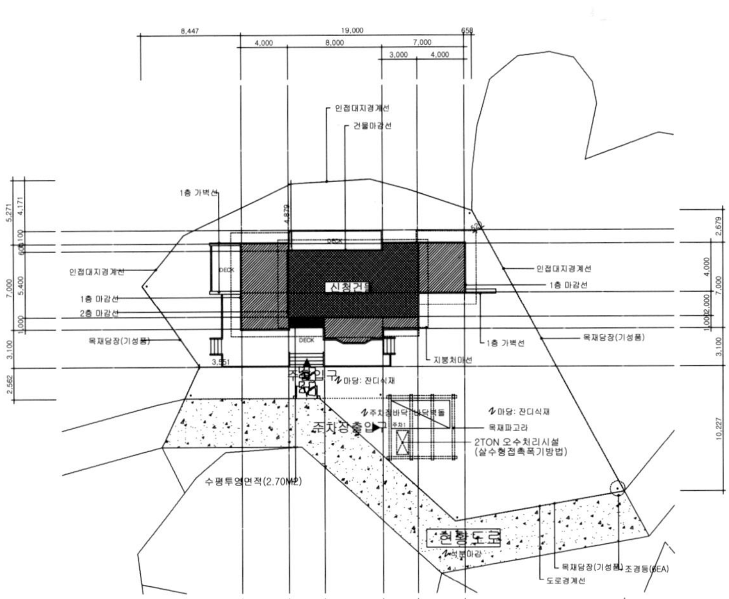
인접대지경계선
건물마감선
1층 가벽선
1층 마감선
2층 마감선
목재담장(기성품)
지붕처마선
마당: 잔디식재
목재파고라
2TON 오수처리시설
(살수형접촉폭기방법)
수평투영면적(2.70M2)
현황도로
도로경계선

배치도

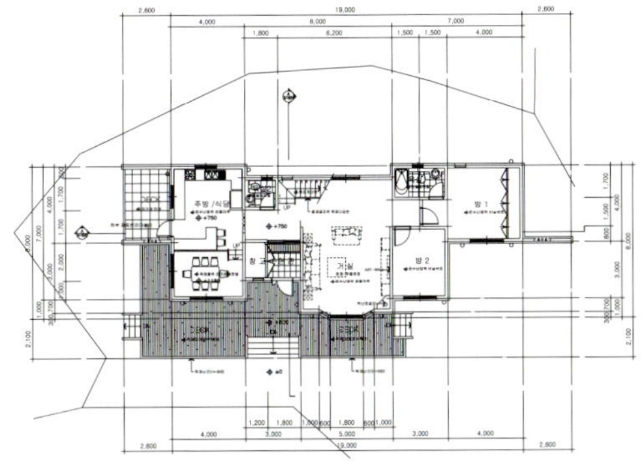

1층 평면도

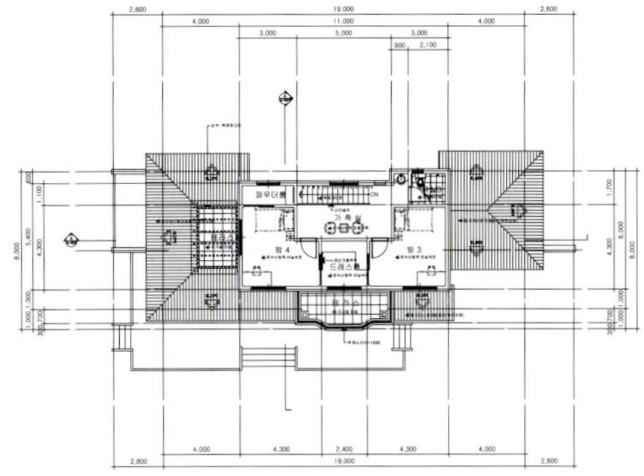

2층 평면도

항금리 전원주택 I Hang-geum-ri housing

경기스틸하우징

위치_경기도 양평군 항금리 ˡ **대지면적**_720.00㎡ ˡ **건축면적**_164.43㎡ ˡ **연면적**_160.47㎡ ˡ **건축규모**_스틸하우스 단층 다락방(8평) 구조 ˡ **외부마감**_지붕 -아스팔트 싱글 / 벽 - 인조석, 적삼목, 시멘트사이딩 ˡ **내부마감**_천정 - 실크벽지 / 벽 - 실크벽지 / 바닥 - 강화마루 ˡ **설계**_김건축사사무소

우선, 주택의 이미지는 색상을 많이 사용하지 않고 통일함으로써 밝고 심플하게 연출하기로 했다. 거실의 외벽은 깔끔하게 보이는 밝은 인조석을 사용해 시멘트 사이딩과 같은 분위기로 연출했다. 창틀도 나무 대신 알루미늄 몰딩재를 사용해 흰색으로 마감했다.

정원은 경사차가 심한 부지 지만 계단을 두지않고 잔디 롤링으로 자연스럽게 처리했다.

건축주 부부의 소망이 어느정도 이루어진것 같아 보람을 느꼈다. 이후 영화 촬영지로도 선택되어 출연하였다.

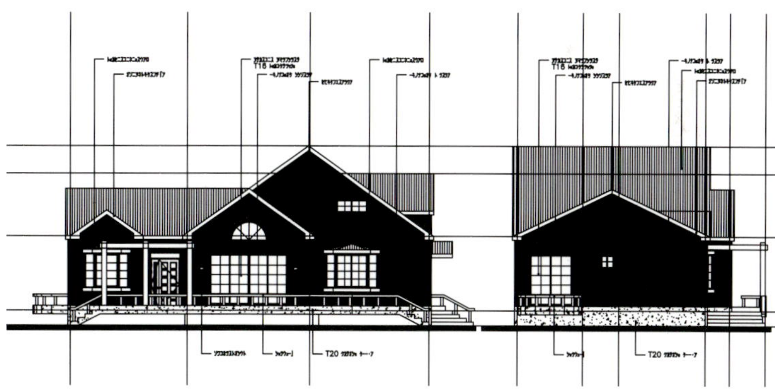

북 · 동 측면도

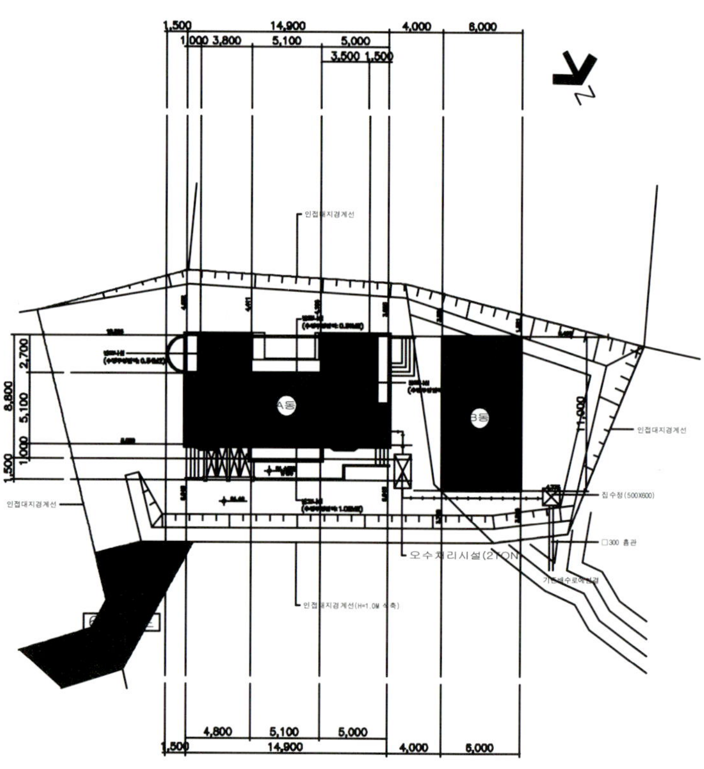
1,500
14,900
4,000
6,000
1,000 3,800
5,100
5,000
3,500 1,500
N
인접대지경계선
2,700
8,800
5,100
1,000
1,500
A동
B동
11,000
인접대지경계선
집수정(500X600)
□300 흄관
오수처리시설(2TON)
인접대지경계선(H=1.0M 석축)
4,800
5,100
5,000
1,500
14,900
4,000
6,000

배치도

신둔면 전원주택 | Shindun-myeon housing

경기스틸하우징

위치_경기도 이천시 신둔면 | **대지면적**_711.00㎡ | **건축면적**_124.77㎡ | **연면적**_186.99㎡ | **건축규모**_지상 2층, 다락방1 | **외부마감**_지붕 - 이중그림자 아스팔트 싱글 / 벽 - 치장벽돌, 적사목 사이딩 | **내부마감**_천정 - 실크벽지, 원목루버 / 벽 - 실크벽지, 대리석 / 바닥 - 강화마루 | **설계**_김건축사사무소

이 주택은 치장벽돌과 목재를 접목해 벽돌집의 중후한 멋이 느껴지도록 연출하기로 했다.

시원스럽게 개방된 거실에는 인조석과 원목루버로 마감한 벽면이 시선을 끈다. 상부에는 베이창을 내어 자연스럽게 빛을 펼펴진 너른 테크가 내부의 연장선상에 있는 것처럼 연결되어 있다.

2층은 방 2개와 가족실로 이루어져 있다. 1층 거실을 내려다볼 수 있도록 오픈된 가족실은 곡선형 평면을 계획해 주어진 면적 내에서 최대한의 여유로움을 확보하고 있다.

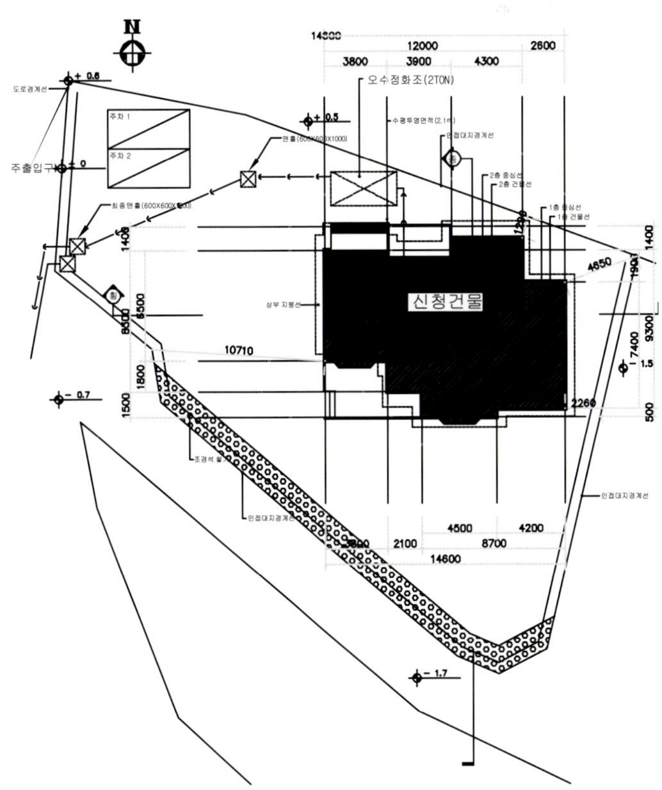
N
오수정화조(2TON)
주출입구
주차 1
주차 2
신청건물
14600
12000
3800
3900
4300
2600
10710
4500
4200
2100
8700
4650
1400
9300
7400
500
2260
+ 0.8
+ 0.5
± 0
- 0.7
1.5
- 1.7

배치도

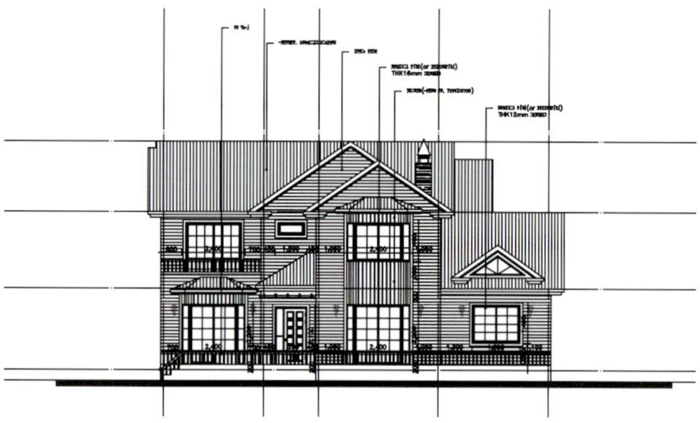

정면도

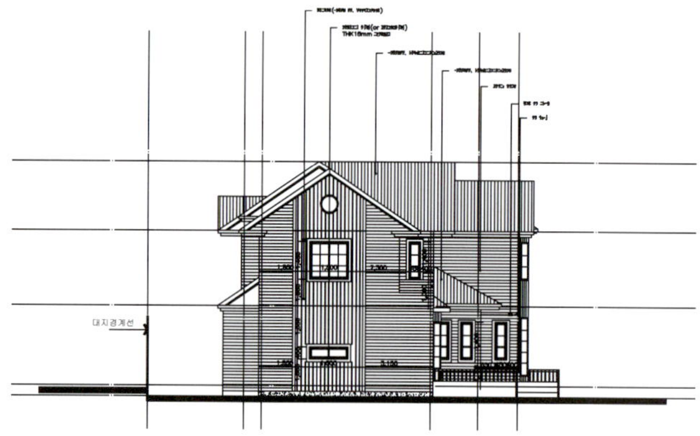

서측면도

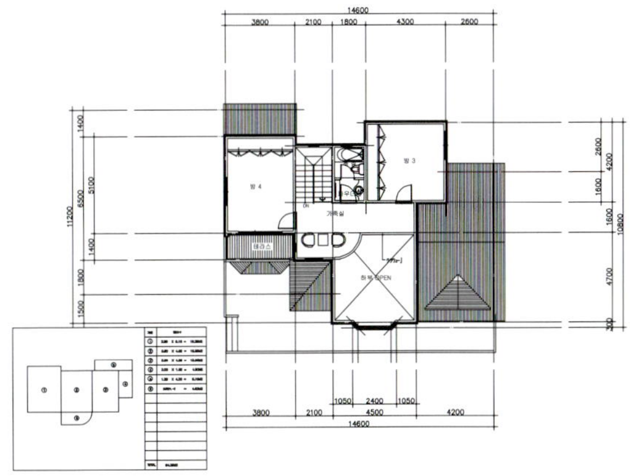

2층 평면도

지변동 전원주택 I Jibyeon-dong housing
신성스틸하우스

위치_강원도 강릉시 지변동 ' **대지면적**_996.0㎡ ' **건축면적**_115.50㎡ ' **연면적**_346.50㎡ ' **건폐율**_19.88% ' **용적율**_50.10% ' **건축규모**_지상 3층 ' **주요용도**_단독주택(19가구) ' **높이**_8.03M ' **주요구조**_경량철골구조 ' **외부마감**_석고 사이딩패널/ 지정색 OP 마감 ' **설계**_지인건축사사무소

아이보리색의 시멘트사이딩, 그리고 브라운계열의 아스팔트 싱글과 데크가 조화롭다. 주택 전체적으로 따뜻한 느낌의 구성이 되도록 컬러기획을 하였으며 더글라스 합판으로 포인트를 주어 자칫 단조로울 수 있는 입면에 변화를 주었다.

개성이 살아있는 거실과 인테리어의 천장선이 웅장함을 더해주며 각 공간 마다의 특징적인 컬러배치를 연출했다.

ADT
LG

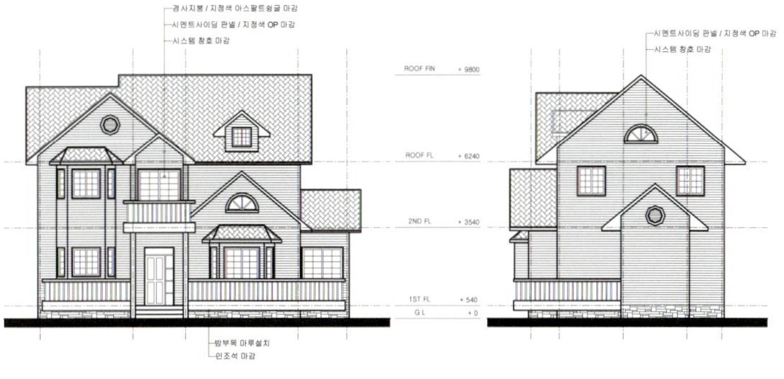
경사지붕 / 지정색 아스팔트슁글 마감
시멘트사이딩 판넬 / 지정색 OP 마감
시스템 창호 마감
ROOF FIN + 9800
ROOF FL + 6240
2ND FL + 3540
1ST FL + 540
G L + 0
방부목 마루설치
인조석 마감
시멘트사이딩 판넬 / 지정색 OP 마감
시스템 창호 마감

입면도

1층 평면도

대진리 전원주택 | Daejin-ri housing

신성스틸하우스

위치_강원도 고성군 현내면 대진리 | **대지면적**_478.00㎡ | **건축면적**_102.15㎡ | **연면적**_144.99㎡ | **건폐율**_21.37% | **용적율**_30.33% | **건축규모**_지상 2층 | **주요구조**_경량철골구조 | **높이**_8.03m | **외부마감재**_프라스틱 사이딩패널 | **설계**_지인건축사사무소

드넓은 바다를 배경으로 설계된 이 주택은 바다와 푸른 하늘을 하나의 조형물로 생동감있게 활용하였다. 주택의 외관은 벽돌과 백색 사이딩의 조화로 경쾌한 느낌을 준다. 거실의 외관 벽면을 원목 루바로 설계하여 친환경주택의 느낌을 한껏 강조하고 데크와 연결되는 넓은 채광창을 두었으며 거실천장을 오픈형으로 설계하여 시원함을 강조하였다.

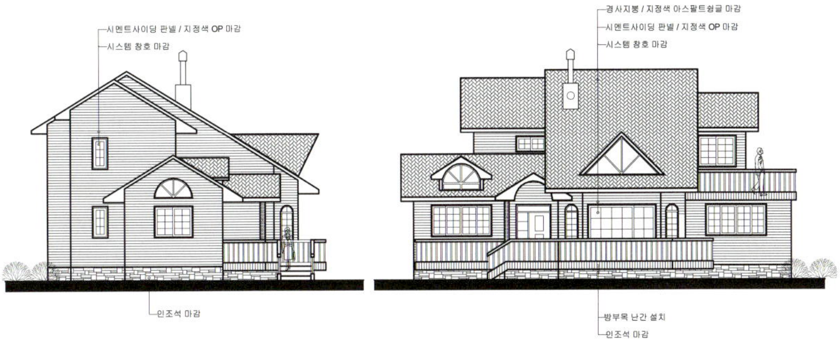
시멘트사이딩 판넬 / 지정색 OP 마감
시스템 창호 마감
인조석 마감
경사지붕 / 지정색 아스팔트쉬글 마감
시멘트사이딩 판넬 / 지정색 OP 마감
시스템 창호 마감
방부목 난간 설치
인조석 마감

입면도

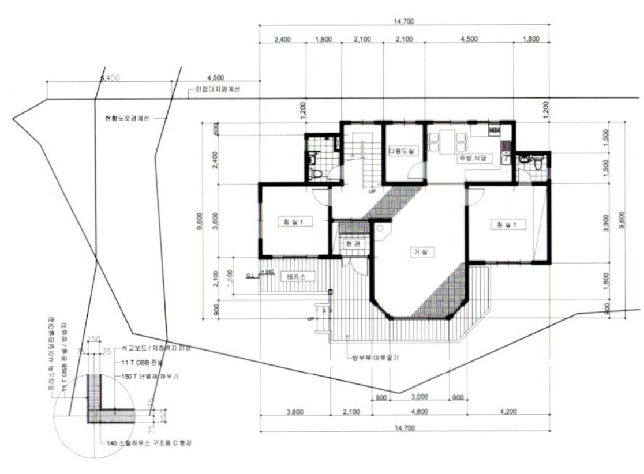

1층 평면도

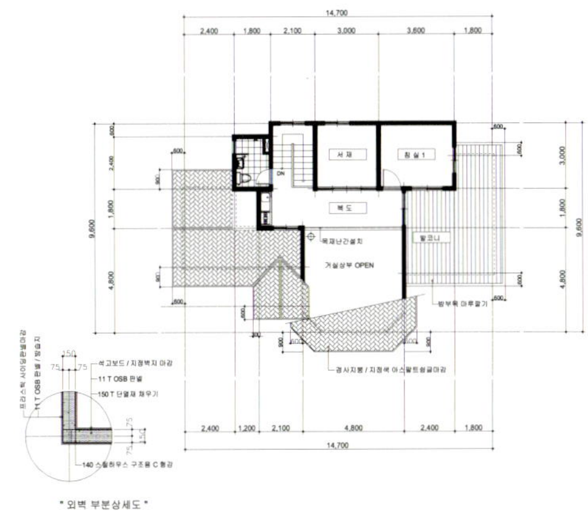

2층 평면도

황청리 전원주택 I Hwangcheong-ri housing

예화주택건설

위치_인천광역시 강화군 내가면 황청리 ' **건축면적**_175.00㎡ ' **연면적**_219.25㎡[주거동 : 166.45㎡, 주차동 : 30.00㎡, 작업동 : 22.80㎡] ' **건축규모**_지상 2층(주거동), 지상1층(주차동, 작업동) ' **주요용도**_단독주택 ' **높이**_1층 4.84m / 2층 8.55m ' **단열재**_R11, R19 인슐레이션 ' **외부마감**_외단열마감 ' **내부마감**_강화마루, 씰크벽지, 자기질 타일마감 ' **지붕마감**_아스팔트이중 그림자싱글, 일부 동판각재심기 ' **설계**_신영건축사사무소

강화주택은 3개의 동으로 분할되어 있는 기획 주거단지이다.
건축주가 거주하는 주택, 손님이 편안히 쉴 수 있는 있는 사랑채 주택, 그리고 주차공간으로 구획되어 있다.
동선의 분할로 건축주의 가족동선과 손님동선이 중복되지 않도록 설계되었는데, 주택동은 단차이와 마감의 차이를 두어 구획표시를 자연스럽게 나타낸 것이다.
또한, 동과 동사이는 데크로 연결되어 마치 전체가 3개 동이 아닌 2개 동으로 되어 있는 듯한 느낌을 준다.

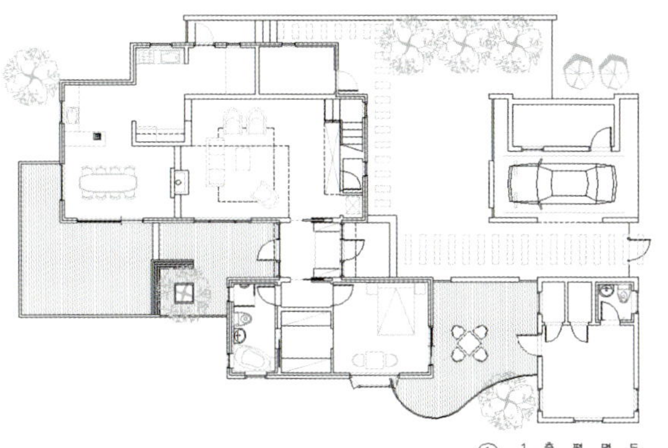

1층 평면도

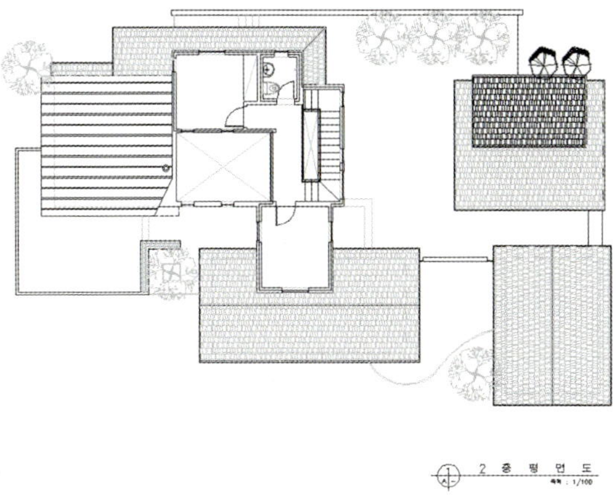

2층 평면도

용강리 전원주택_1 | Yong-gang-ri housing

예화주택건설

위치_경기도 김포시 월곶면 용강리 ' **건축면적**_142.02㎡ ' **연면적**_181.71㎡ ' **건폐율**_16.94% ' **규모**_지상2층 ' **용도**_단독주택 ' **높이**_6.98m ' **단열재**_R11, R19 인슐레이션 ' **외부마감**_외단열마감, 사이딩마감 ' **내부마감**_수입온돌마루, 씰크벽지, 자기질 타일마감 ' **지붕마감**_아스팔트 싱글 ' **설계**_아키인건축사사무소

마치 외국에 온듯한 이국적인 느낌을 주면서도 한국적인 분위기를 자아내는 아름다운 주택이다.

개인공간과 공용공간이 뚜렷히 분할되는 주택으로, 거실에서 데크를 통해 마당으로 연결되어 있는 동선은 쉽게 볼 수 없는 전원의 느낌을 자아낸다.

또한, 2층으로 올라가 다목적홀의 전창에 가까운 창을 통하여 바라보이는 정원과 자연의 풍경은 마치 카페에 앉아 있는듯한 분위기를 연상시켜 준다.

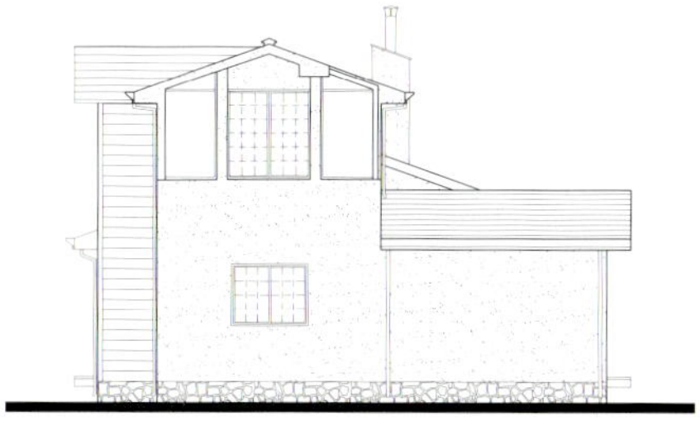

좌측면도

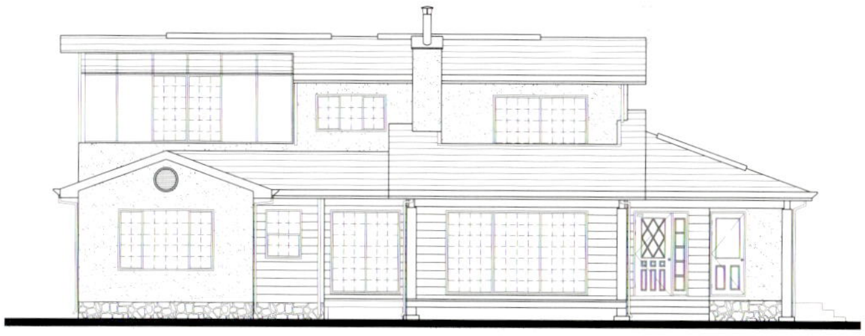

정면도

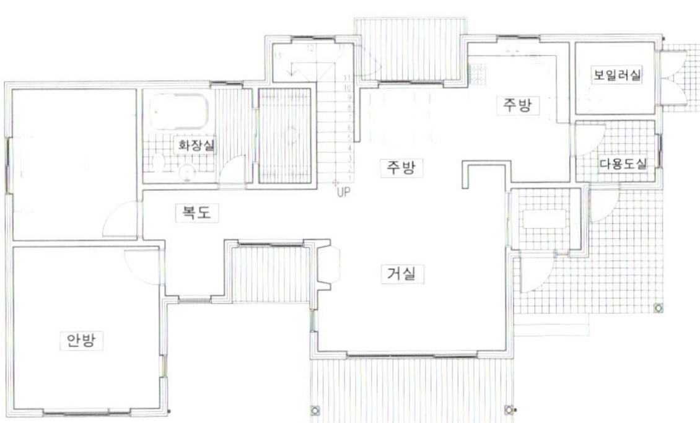

1층 평면도

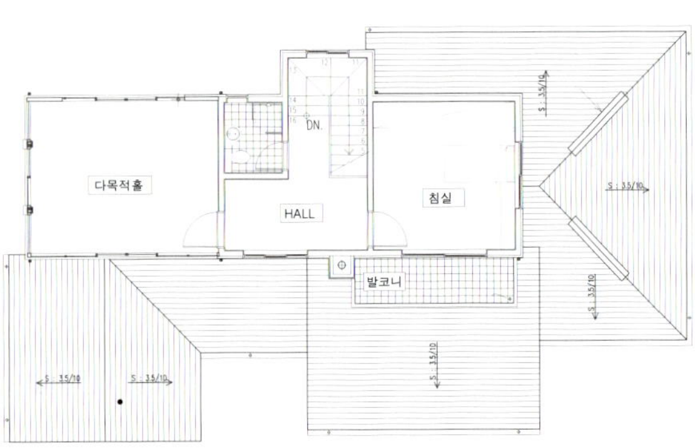

2층 평면도

용강리 전원주택_2 | Yong-gang-ri housing

예화주택건설

위치_경기도 김포시 월곶면 용강리 | **건축면적**_160.11㎡ | **연면적**_199.89㎡ | **건축규모**_지상2층 | **주요용도**_단독주택 | **단열재**_R11, R19 인슐레이션 | **외부마감**_사이딩 마감, 일부 외단열마감 | **내부마감**_온돌마루, 씰크벽지, 자기질타일마감 | **지붕마감**_아스팔트슁글마감 | **설계**_신영건축사사무소

이 주택의 건축주는 오랜 외교관 생활을 지낸 화목한 노부부였다. 그만큼 보다 인공적이지 않은 자연적인 설계를 연출하기로 했다. 우선, 1층에 선큰을 두어서 정원의 푸르름을 집안까지 느낄 수 있도록 배려했고, 키높은 나무는 인공적인 담장을 대신하고 있다. 밝은 톤 사이딩마감과 회색톤 외단열마감은 푸른 잔디와 울창한 나무숲과 대조되지 않고 조화되어 자연의 미를 한층 더 느끼게 한다. 우뚝솟은 형태가 아닌 대지와 함께 숨을 쉬며 넓게 펼쳐진 주택으로 자연의 향기를 물씬 맡을 수 있는 곳이다.

정면도

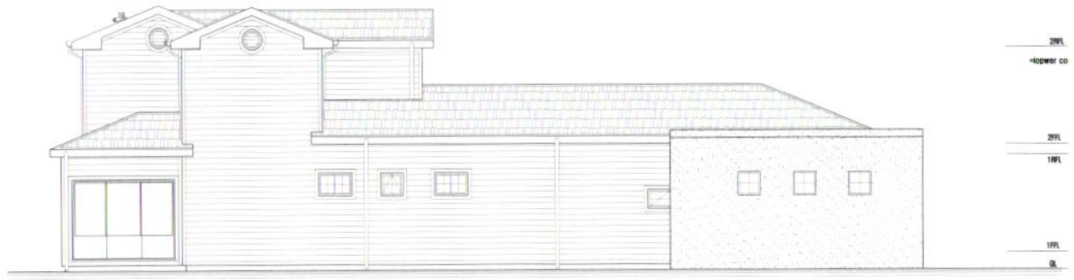

배면도

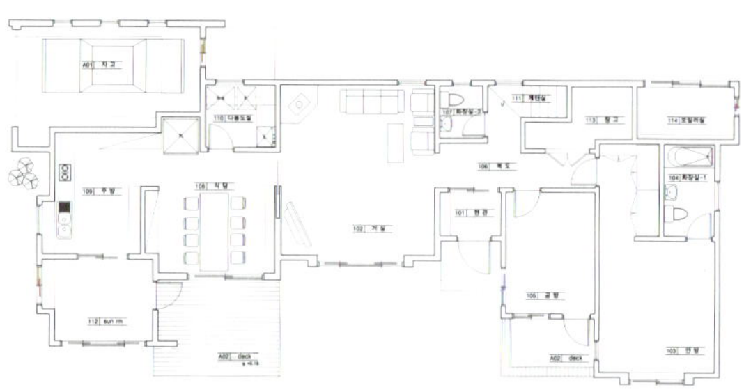

1층 평면도

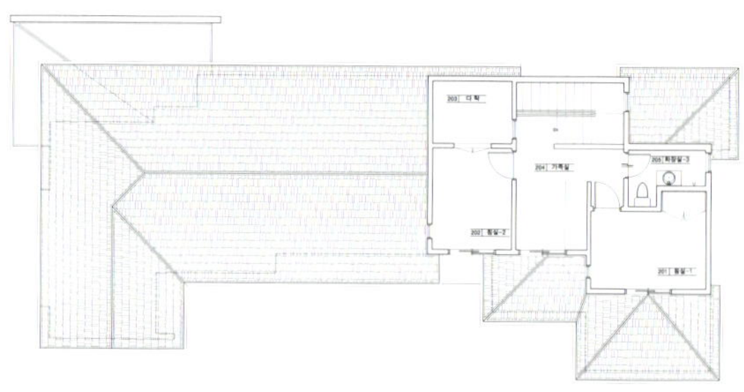

2층 평면도

관리 전원주택 I Gwan-ri housing

예화주택건설

위치_경기도 이천시 마장면 관리 ' **건축면적**_187.72㎡ ' **연면적**_202.11㎡[주거동:152.61㎡, 별동:49.50㎡] ' **건축규모**_지상1층(주택동), 지상2층(별동) ' **주요용도**_단독주택 ' **단열재**_R19 인슐레이션 ' **외부마감**_벽돌마감, 시더사이딩마감 ' **내부마감**_사라리아천정재, 씰크벽지(벽), 이태리타일. 대리석마루재 ' **지붕마감**_아스팔트싱글마감 ' **설계**_신영건축사사무소

이천주택은 나누어진 대지 레벨을 활용하여 자연스러운 2개의 동으로 구성되었다.
본동과 마치 원두막처럼 정원에 우뚝 솟은 별동은 주택설계 이전부터 건축주가 정성들여 가꾼 조경을 기본으로 조화를 잘 이루고 있다.
본동은 가족이 편히 쉴 수 있는 공간으로 잘 가꿔진 정원을 어느 곳에서든 시원하게 바라보고 느낄 수 있도록 설계하였고, 별동은 이곳을 찾는 반가운 손님들이 편히 쉴 수 있는 공간이 될 수 있도록 배려되었다.

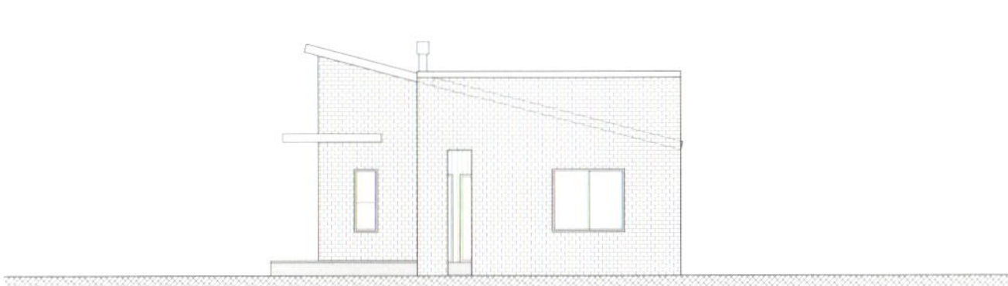

우측면도

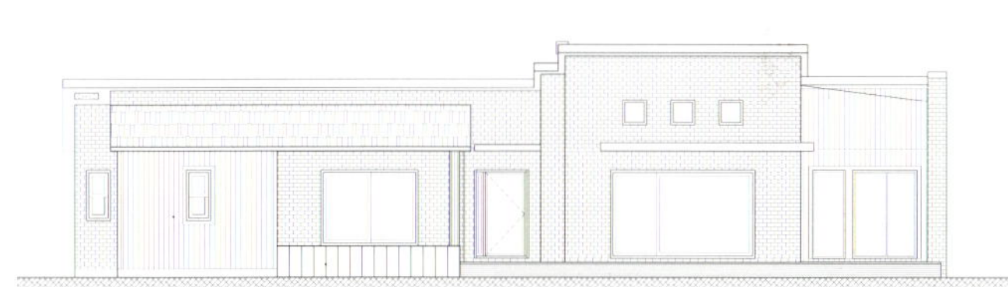

정면도

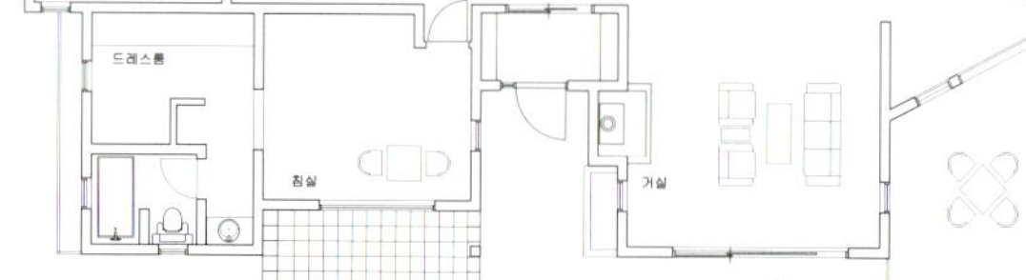

1층 평면도

부대동 전원주택 | Budae-dong housing

예화주택건설

위치_충남 천안시 부대동 ' **건축면적**_131.34㎡ ' **연면적**_188.18㎡ ' **건축규모**_지하1층, 지상1층 ' **주요용도**_단독주택 ' **단열재**_R11, R19 인슐레이션 ' **외부마감**_스마트블럭마감, 시멘트사이딩마감 ' **내부마감**_수입온돌마루(이태리제품), 씰크벽지마감 ' **지붕마감**_아스팔트싱글마감 ' **설계**_신영건축사사무소

천안주택은 도로에 면해 있는 부분에는 주차공간이 배치되어 있고, 아담한 정원과 붉은 빛으로 고전적인 미를 주는 주택은 석축위의 돌계단을 통해 만나게 된다.
도로에서 바라다보이는 주택은 박공의 지붕밑에 흰색 사이딩과 붉은 빛의 벽돌건물로 어떤 공간일지 석축을 따로 올라가 보고싶은 궁금증을 느끼게 한다.
거실의 높은 천정과 공간공간마다 우물천정을 두어서 시원한 느낌을 더하였다.

정면도

우측면도

1층 평면도

하늘가람 펜션 | Haneul-garam Pension

예화주택건설

위치_경기도 포천시 일동면 기산리 ' **건축면적**_192.73㎡ ' **연면적**_256.32㎡[펜션동:148.47㎡, 작업동:107.85㎡] ' **건축규모**_지상2층(펜션동), 지상1층(작업동) ' **주요용도**_단독주택(다가구주택), 근린생활시설 ' **단열재**_R19 인슐레이션 ' **외부마감**_외단열마감, 방부사이딩마감 ' **내부마감**_씰크벽지, 강화마루 ' **지붕마감**_아스팔트 싱글 ' **설계**_신영건축사사무소

도로면에는 주차공간이 위치해 있고, 마치 골목길을 지나가듯 펜션동과 작업동 사이길을 지나면 아담한 마당과 마주친다.
마당 좌측에는 길게 작업동이 위치하여 커뮤니티홀과 관리시설이 있고, 마당 우측으로는 2층 펜션동이 위치하고 있다.
높고 낮은 자연의 풍경을 한 곳에서 만날 수 있고, 넉넉한 쉼의 여유를 느낄 수 있는 한 번쯤 머물고 싶은 펜션이다.

하늘
가람
10

위천리 전원주택 | Wicheon-ri housing

이영하우징

위치_대구시 달성군 논공읍 위천리 | **대지면적**_438 ㎡ | **건축면적**_102.15 ㎡ | **연면적**_136.41 ㎡ | **건폐율**_23.32% | **주요용도**_단독주택 | **외장마감재**_시멘트사이딩 | **지붕마감재**_이중그림자싱글 | **내부마감재**_실크벽지 | **설계**_이영하우징시스템

풍류를 아는 건축주를 위한 집으로 켄셉을 맞추었다. 자연을 닮고자 하는 건축주의 바램을 담아 한 폭의 풍경화와 같은 주택을 연출하였다. 거실창을 통창으로 설계하여 거실 밖 풍경을 집 안 가득히 담았다. 거실에 앉아 시야에 들어오는 풍경은 마치 한 폭의 동양화 같다. 전체 마감 색상 톤은 녹색 빛으로 주제삼아 뒷산의 자연의 색상과 동화되도록 하였다.

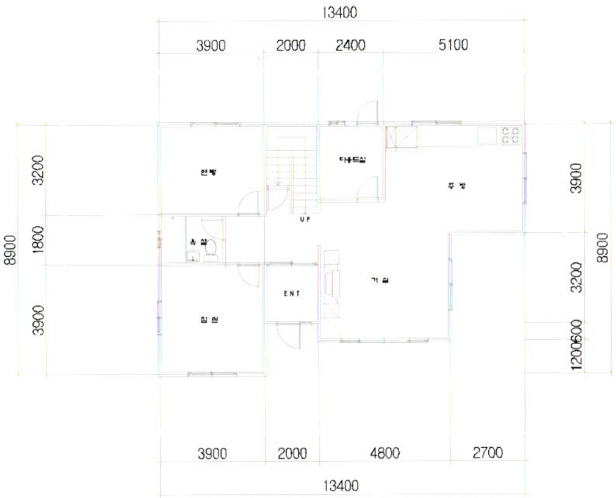

13400
3900
2000
2400
5100
3200
1800
3900
8900
3900
3200
1200
600
8900
3900
2000
4800
2700
13400

1층 평면도

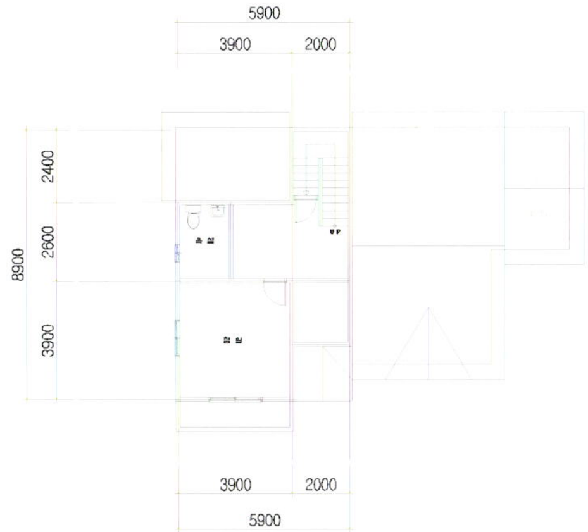

5900
3900
2000
2400
2600
3900
8900
3900
2000
5900

2층 평면도

STEEL HOUSE

스틸하우스【현장100대 표준기술】

한 눈으로 보는 스틸하우스100대 표준기술

'스틸하우스 표준기술의 정립과 이해' 라는 주제를 가지고 스틸하우스 100대 기술을 정리하면서 우리의 머릿속을 맴 돌았던 것은 '과연 스틸하우스의 표준기술 정립의 기준은 무엇인가? 각 시공사의 고유한 기술적 노하우를 어느 선까지 보편적 기술로 인정할 수 있겠는가? 또한 보편화된 스틸하우스 기술이라면 무조건 이를 표준 기술로 인정할 수 있겠는가?' 라는 물음이었다. 솔직히 이에 답하기란 그 누구도 쉽지 않은 문제임에 틀림없다. 그러나 인터넷의 발달로 인해 스틸하우스의 기술들이 보편화되고 특히 예전에는 특정 시공사만이 보유했던 고유한 기술적 노하우들이 전면 공개되고 이들 기술이 백가쟁명식으로 넘쳐나는 상황을 맞이하고 있는 현실에서 그 수많은 현장에서의 개별적이고 독창적인 스틸하우스 기술들의 표준화 논의를 방기할 수도 없는 것이다. 그래서 우리가 찾은 해답은 세상의 모든 상품이 그러하듯이 스틸하우스라는 상품에서 살아가고 있는 고객들의 스틸하우스 주거성능평가와 그 고객만족도를 리트머스 시험지로 삼아서 스틸하우스의 표준기술을 정립하는 방법론이었다. 실제로 지난 10여년간 스틸하우스 건축 현장에서 고객들을 대하면서 우리가 느낀 점은 스틸하우스 엔지니어는 창조적인 스틸하우스 기술을 만들어 이를 현장에 적용할 수는 있겠지만 그 기술이 진정 표준기술로 채택되는냐 하는 것은 다름 아닌 스틸하우스 고객들의 주거성능평가와 그 고객만족도에 의해서 판가름 난다는 것이다. 그리고 현장의 빌더나 엔지니어는 이러한 고객들의 반응과 요구를 정확히 읽어내고 이를 또다시 창조적인 스틸하우스 기술개발에 적용시켜 고객과 스틸하우스 현장 상호간의 피드백 시스템을 완성할 의무가 있는 것이다. 우리는 이러한 스틸하우스 고객들의 주거성능 평가와 고객만족도를 최우선의 키워드로 삼아 그 간 『전원주택저널』을 통해 연재된 스틸하우스 100대 표준기술을 중심으로 현장에 추천해줄만 한 '한 눈으로 보는 스틸하우스 100대 표준기술' 을 주관적이라는 한계에도 불구하고 정리해본다. 다만 이 자리에서 한 가지 독자들에게 드리는 말씀은 이 지면에서 논의되는 100대 스틸하우스 기술들의 교조적인 해석은 절대 금물임을 말해 두고 싶다. 세상의 모든 만물이 변화 · 발전하듯 건축세계의 그 어떠한 건축공법도 절대적이란 것은 존재하지 않기 때문이다. 건축의 세계에서 경우의 수는 로또 복권 수 만큼이나 다양하기 때문에 진정한 표준기술이란 현장의 상황에 맞는 스틸하우스 기술인들의 예술적 직관력과 기술력이 융화되었을 때만 가능하기 때문이다. 아울러 향후 논의되는 스틸하우스 표준기술들은 현장의 스틸하우스 빌더들의 생생한 체험 속에서 추출하다 보니 현장의 거친 땀 냄새가 베어있을 수 있다는 점 널리 양해를 구한다.

1. 스틸하우스 설계시 반드시 고려해야할 핵심 기술 - 스틸하우스의 전략적 기술들

스틸하우스의 전략적 기술이란 스틸하우스 설계시 반드시 고려해야 할 핵심 기술로서 스틸하우스 건축만의 독특하고 특화된 핵심적인 기술을 일컬을 수 있겠다. 이를테면 미국과 한국의 지리적 기후적 문화적 차이 차이점을 고려하여 개발된 한국형 정통스틸하우스 기술들이 여기에 해당된다. 한국 각 지역의 지리적 기후적 특성을 고려한 한국형 벤틸레이션시스템, 사계절이 뚜렷한 한국의 기후를 고려한 결로방지 프로그램들, 층간 소음을 획기적으로 줄이기 위한 독립식 층간 구조공법과 스틸빌라 설계시 세대간 벽체시스템, 조이스트 패널 차음시스템, 그리고 생활습기의 배출까지도 고려한 공기층 외단열시스템, 동절기 결로를 예방하는 캔틸레버식 데크의 지양 등이 여기에 해당한다. 한편 실내공기의 순환을 강조하는 외부 계단실 통풍시스템, 동절기 에너지 낭비를 방지하는 오픈형 복층구조의 지양 등도 눈여겨봄직한 기술들이다. 아울러 구조설계 샵드로잉의 채택은 스틸하우스의 구조적 안정성을 담보하는 지렛대로서 그 중요성을 결코 간과해서는 안된다.

2. 명품 스틸하우스의 출발점은 기초공사에서 시작된다.

기초공사시 물빠짐을 위한 기초 본 바닥의 잡석다짐은 필수이다. 그리고 콘크리트 타설 전 MAS, L앵커, 앵커볼트의 설치는 스틸하우스의 구조적 안정성을 보장한다. 그러나 스틸하우스 기초공사에서 가장 중요한 핵심공정은 기초레벨의 표준평활도 준수의 여부이다. 기초레벨이 맞지 않으면 후속 공정이 더딜 뿐 아니라 스틸 구조체의 침하 등 구조적 불안정성을 야기 시키기 때문이다. 스틸하우스 명품의 조건은 기초레벨 표준 평활도의 준수에 있다 해도 과언이 아니다.

3. 알면서도 지나치기 쉬운 스틸프레임시스템 기술들

스틸하우스의 철골조 자재는 한국철강협회 인증 자재사만의 KS D 3854 스틸자재(아연도금270G, 인장강도4ton)만을 사용한다. 그리고 이러한 KS D 3854 스틸자재로서 스틸 골조를 제작시엔 X-BRACING, 블록킹과 브레이스의 설치, 헤더와 조이스트의 웹스티프너의 설치 등을 잊지 말아야 한다. 그리고 층간 강대와 홀다운의 설치 역시 중요하다. 스틸프레임의 이렉션시에는 인라인시스템의 정렬이라는 전제 아래 구조체의 수직, 수평, 대각의 정렬에 만전을 기한다.

4. 공간의 특징을 고려한 벽체구조시스템

스틸하우스의 벽체 구조체는 공간별 특성을 고려하여 제작한다. 일반적인 벽체의 구조체는 KS D 3854 140mm스터드 + 12T O.S.B + 9T석고보드 혹은 9T석고 2PLY로 구성되며 혹은 12.5T 임페리얼 석고보드로 구성된다. 그러나 생활 습기가 많이 침투하는 화장실과 다용도실등은 습기에 상대적으로 강한 무기질 계열의 6T CRC보드 + 방수석고보드 + 방수코팅의 구조체를 권장한다.

5. 층간차음구조시스템

미국에서는 최적의 건축 공법인 스틸하우스가 한국에서 상대적으로 보완점을 요구하는 사항중 하나가 바로 층간 차음구조이다. 까치발과 정숙함의 습관이 몸에 베어있는 미국인과 옆집 아랫집 별로 신경 쓰지 않고 구두발 소리내는 한국의 문화의 차이점을 이해하지 않는다면 생명력 있는 스틸하우스를 탄생시키기는 요원하다. 이로부터 한국형 정통 스틸하우스의 층간 차음구조 시스템의 채택이 요구되어진다. 다행히도 스틸하우스는 이 문제를 완벽히 해결할 수 있는 구조체를 이미 지니고 있다. 그것이 바로 '조이스트패널 차음시스템' 인 것이다. 아울러 스틸빌라 시공시 바닥체의 구조는 조이스트패널 차음 시스템 위 구조용 O.S.B합판을 붙이고 방진패드를 설치하고 80~100mm 콘크리트를 타설한 후 그 위에 위층의 벽체를 이렉션 하는 층간 독립구조 시스템을 도입하여 층간 소음을 최소화 한다.

6. 결로 현상 제로의 결로방지 프로그램

스틸하우스에서 결로 발생 문제는 이제는 흘러간 옛이야기이다. 바로 최첨단 결로방지 프로그램들이 연구개발되어 현장에서 널리 적용되고 있기 때문이다. 기초바닥 프라이머 도포, 실실러의 설치, 기초 토대 방부목의 설치, 방부목위 실실러의 설치, O.S.B 하단 부위 단열처리등 5단계 프로그램을 적용하여 바텀트랙 하부의 결로발생을 제거할 수 있으며, 탑트랙 위 방부목의 설치 트러스의 벽체로의 열교 현상을 차단 할 수 있다. 벽체 모서리 결로는 모서리 우드스터드 대체등의 방법이 적용될 수 있겠다.

7. 최고의 에너지 효율과 차음성을 보장하는 최첨단의 외단열 시스템 기술

바로 미국식 정통 스틸하우스는 한국의 주택 문화의 특성과 지리적 기후적 요인으로부터 새롭게 진일보하여 '한국형 정통스틸하우스' 로 다시 태어나는데 스틸하우스의 기술 중 가장 많은 변화가 일어난 분야가 바로 외단열 시스템 분야이다. 스틸이 갖는 열전도율의 특성상, 그리고 사계절의 기후 변화가 뚜렷한 한국에서 스틸하우스 외단열 공법의 채택은 필수이다. 지붕체의 경우 열반사단열재 지붕 외단열이 보편화되었으며 여러 공법의 벽체 외단열 기술이 연구개발 되었다. 문제는 숨 쉬는 외단열 벽체 시스템으로의 진화인데 스틸하우스와 목조주택은 생활습기와 공기가 끝없이 배출되어야만 살아 숨 쉬는 생명력 있는 주택 시스템이라 할 수 있기 때문이다. 이에 근거하여 연구 개발된 공기층 외단열 공법은 벽체와 외장재 사이에 10mm 공기층을 확보하여 단열성과 차음성의 향상은 물론이고 목조주택에서는 흉내낼 수 없는 생활습기를 천정으로 통풍시키는 최첨단의 외벽체외단열시스템을 완성하였다.

8. 물과의 전쟁에서 승리하기 위한 화장실, 다용도실, 데크 방수, 방습 시스템 기술

건축은 물과의 전쟁이라고 한다. 화장실 바닥이 건식 마룻바닥으로 설계된 미국의 주거문화와 욕실 전체에서 물을 사용하고 습식 타일바닥과 타일벽체로 구성된 한국 주거 문화를 건축에 반영하지 않고서는 물과의 전쟁에서 승리할 수 없을 것이다. 화장실, 다용도실 바닥체의 단차 설계, 층간 하수파이프 이중관 공법, 건식UBR시스템의 도입과 수도 이중배관 시스템의 적용, 캔틸레버 데크의 지양 그리고 생활습기의 배출까지도 고려한 공기층 외단열공법 등은 이러한 고민 속에서 나온 한국형 정통스틸하우스만의 시공방법이라 할 수 있다.

9. 물과의 전쟁에서 승리하기 위한 지붕 방수, 방습 시스템 기술

물과의 전쟁은 지붕에서도 첨예한 전선이 형성되는데 건축 하자의 30%는 지붕 방수 시스템 파괴에서 연유된다. 지붕 방수의 핵심은 지붕 경사각 AL코일 비흘림 프레싱 설치에 있다. 그리고 처마 끝부분은 윈터가드를 설치하여 아이스댐 현상을 미연에 방지한다. 지붕 O.S.B합판 연결시엔 O.S.B 클립을 사용하여 겨울철 지붕 하자 보수시 루핑펠트의 손상을 방지한다.

10. 기본기에 충실한 외장시스템 기술

무릇 생명력 있는 주택이란 내, 외장재의 화려함에 있는 것이 아니고 그 어떤 내, 외장재이든 그것을 시공시 얼마나 FM 표준시공의 원칙을 지켜내었는가에 달려있다 해도 과언이 아니다. 스틸하우스의 내, 외장재 공사시 이러한 명제를 잊어서는 아니된다. 내, 외장재 공사는 무슨 특별한 기술이 요구되어지는 것이 아니고 누구나 알고 있는 상식의 기술을 얼마나 원칙에 맞게 잘 지켜내느냐에 달려있기 때문이다. 정품 외장재의 사용, 비닐사이딩 혹은 우드사이딩 시공시 표준시방의 준수, 외장재 스타트 비흘림프레싱 설치, 물홈통 고정시 리벳 사용, 재료분리대의 설치, 깔끔한 외관미를 연출하는 마운틴블럭의 설치, 사이딩 시공시 타카 사용 금물들이 여기에 해당하는데 예를 들어 '사이딩 시공시 타카 사용 금물의 원칙' 은 빌더나, 건축주나 누구나가 알고 있는 상식이다. 그럼에도 현실에서는 타카 사용이 횡행하고 있다. 모든 스틸하우스 기술들이 난해하고 뛰어난 기술력을 요구하는 것은 아니다. 상식의 기술을 원칙에 맞게 잘 지켜내는 것이야말로 표준기술의 내용성을 충족하는 지름길이다.

11. 단열과 차음 방습의 기능을 완성하는 내장시스템 기술

미장공사시 익스팬션조인트의 설치는 단열의 측면이나 석고보드로의 바닥습기침투 방지 그리고 미장 바닥 크랙의 방지라는 일석삼조의 효과를 지니는 내장공사시 핵심 기술이다. 석고보드 공사의 키워드는 석고보드 하단의 바닥 습기 차단에 있다. 석고보드 모서리와 하단 코킹, 화장실 하단 코킹 처리 등이 이에 해당한다. 그리고 주택의 차음 성능 향상을 위해서 석고보드 이음매와 모서리 부분은 반드시 석고보드 퍼티 공정을 거치도록 한다. 개구부 주위에 접합된 스크루의 두께는 최소화 시키고 雨氣시에는 가능한 무늬목, 몰딩, 도장 등 인테리어 공사는 피한다. 도배지는 투습 기능이 있는 제품을 사용한다.

12. 고효율 에너지 주택을 결정하는 윈도우, 도어시스템 기술

주택에 있어서 윈도우와 도어는 채광과 환기, 그리고 주택의 전체 디자인 컨셉에 영향을 줄 뿐더러 외부의 조망을 안으로 끌어들이는 기능도 갖는다. 그러나 주택의 기능적인 측면에 있어서 윈도우, 도어의 가장 큰 기능은 주택의 에너지 보존에 절대적인 영향력을 끼친다는 점인데 창틀과 벽체 골조 사이의 빈틈으로 주택 에너지 손실의 90%가 발생되고 있음을 유념하여야한다. 창틀과 벽체 골조 사이의 빈틈을 막기 위해서 윈도우-도어의 빈 공간에는 단열 처리, 윈도우 날개에 이지실 테이프 시공, LOW-E 글라스의 유리 기술 채택 등이 권장된다. 한편 윈도우,도어 설치시엔 수직, 수평, 대각의 정렬에 심혈을 기울여야 하며 설치된 윈도우, 도어를 보호하기 위한 보양 작업을 게을리 해서는 안 된다.

13. 세심한 신경이 필요로 한 설비 시스템 기술

설비공사시 잦은 설계 변경은 반드시 피해야 하므로 설비시스템에서 최우선으로 고려 되어야할 사항은 건축주와의 협의를 통한 실질적인 설비도면의 사전 결정이다. 스틸하우스 설비 시스템은 고객의 실생활과 가장 밀접한 부분이고 하자 발생의 50%를 차지한다. 그만큼 세심하고 꼼꼼하게 체크해야 할 부분이다. 스톡벤트와 외부PT박스의 설치, 이중 방음파이프 사용 지나치기 쉬운 생활 소음을 원천적으로 방지하는 세심함에서 도출된 스틸하우스 차음성능 제고 기술들이다. 그리고 수도파이프의 단열재 감싸기, 층간 하수파이프 이중 공법 채택, 이중 수도 배관 공법 등은 물과의 전쟁에서 반드시 필요로 한 무기들이다.

14. 고객 요구 반영이 핵심인 전기 시스템 기술

전기시스템 역시 설비시스템과 마찬가지로 사전 건축주와의 충분한 협의를 통한 실질적인 전기도면의 채택이 필요하다. 전기기구의 수직, 수평 정렬은 실내 인테리어의 미적 측면의 완성에 절대적으로 중요한 요소이다. 전기복스의 부착시 혹은 전기파이프 통과를 위한 스터드, 조이스트 천공시 용접기의 사용은 절대 금물이다. 천정전기복스와 파이프의 밀봉, 전기복스 양쪽내기의 지양 등은 주택의 생활소음 차단에 상당한 효과를 볼 수 있으며 전기, 통신 인입선은 가능한 지중화하는 것이 현명하다. 조명기구와 전기기구의 위치는 수시로 중간 체크하여 마감공사 후 다시 재시공하는 불상사를 막아야 하며 전기기구와 조명기구는 일정한 간격을 유지하도록 한다.

15. 한국형 벤틸레이션시스템의 핵심 기술들

한국은 사계절이 뚜렷한 기후적 특성으로 인해 추위와 더위 건조와 습함을 동시에 고려하는 총체적인 벤틸레이션 시스템이 도입되지 않는다면 어느 한 계절에는 낭패 보기 십상이다. 바로 이 지점이 '한국형 벤틸레이션 시스템'의 개발 배경이다. 각 지역의 특수한 기후에 맞는 처마소핏의 오픈, 제주도에서의 강제 팬방식 벤틸레이션 시스템, 숨 쉬는 지붕을 완성하는 래프터벤트 시스템의 설치 등이 그 핵심적인 기술들이다. 이 외에도 리지벤트, 게이블벤트, 루프벤트, 엣지벤트 시스템 채택 등이 있다.

16. 목조 기술이 요구 되어지는 데크 공사

데크 공사시 함수율이 너무 높은 방부목을 사용하거나 방부처리가 제대로 되지 않은 자재를 사용하는 것은 절대 금물이다. 방부목은 그늘에서 사전 건조를 통해서 적정 함수율을 유지하도록 하고 사전에 오일스테인 도장을 행한다. 방부목의 체결은 델타코팅 스크루나 아연 네일을 이용하고 콘크리트 타카 시공은 절대로 해서는 안 된다.

17. 놓치기 쉬운 스틸하우스 표준 기술

스틸하우스 현장에서 빚어지는 오해 중의 하나가 스틸하우스는 스틸스터드 등의 스틸자재만을 사용하는 것으로 알고 있는 것이다. 조이스트 박스빔으로 이루어진 5600mm 이상의 구조체는 구조적 불안정성이 증가한다. 이 경우 H-BEAM등의 중량형강철골이나 목자재로서 공학목재나 구조용 집성재를 사용할 수 있다. 롱스팬의 구조용 집성재는 구조체로서의 역할만이 아니라 외부 노출시 인테리어 효과를 극대화시키는 특유의 장점을 가지고 있다. 목조자재와 경량형강철골 더 나아가 RC조의 유연한 활용 등은 스틸하우스의 외연을 확장시키는 핵심 기술이다.

한편 놓치기 쉬운 스틸하우스 기술에서 '스틸하우스의 체크라인 점검구의 천공' 기술은 스틸하우스의 상태를 수시로 정기 검진하는 숨어있는 1인치 수술공간이라 할 수 있다. 아울러 주택의 단열성능을 유지해주는 인슐레이션 처짐 방지 공법도 우리가 놓쳐서는 안 될 기술들이다. 친환경소재의 건축자재 채택과 에너지절약 웰빙형 공기순환장치 등은 웰빙스틸하우스의 실제 내용이 될 수 있으며 홈오토메이션 시스템의 도입은 업그레이드된 미래형 디지털스틸하우스의 출발점이 될 수 있겠다.

1. 설계시 필수 고려사항

목 록	내 용	비 고
1. 공기층 단열배습 시스템 적용	생활습기의 배출까지도 고려	채택권장
2. 한국형 벤틸레이션시스템의 적용	동절기와 각 지역의 기후적 특성을 고려한 벤틸레이션 시스템	채택권장
3. 오픈형 복층 구조의 지양	동절기 에너지의 손실까지도 고려	채택권장
4. 캔틸레버식 데크의 지양	캔틸레버식은 결로의 발생 구조적 불안정성을 야기	
5. 다양한 외장재의 사용	대리석, CORRUGATED PANEL, 알미늄복합패널등의 금속패널, ZINC PANEL,목재패널,인조석,브릭등	
6. 스틸빌라 설계시 세대간 벽체시스템 필수채택	세대간 방화벽, 벽체차음성능 향상에 필수	스틸빌라 시공시
7. 스틸빌라 설계시 조이스트패널 차음시스템 채택	층간 차음성능 향상에 필수	스틸빌라 시공시
8. 스틸빌라 설계시 독립식 층간 구조공법 채택권장	조이스트위 콘크리트 타설 혹은 2*6 방부목 설치위 2층 바텀트랙의 설치	스틸빌라 시공시
9. 외부 계단실의 통풍 시스템 적용	계단실엔 공기순환을 위한 창호 혹은 강제 통풍 시스템 설치	
10. 구조설계 샵드로잉 채택	2층 이상 건축시 구조계산은 필수	

2. 기초 시스템

목 록	내 용	비 고
1. 기초공사방식	줄기초+매트기초 혼용	
2. 기초 잡석다짐	기초 방석 하부와 본체 기초 바닥 잡석 다짐	
3. 기초레벨 표준 평활도의 준수	표준 평활도 오차율 준수	시방서에 표기
4. 홀다운전용 J볼트(L앙카)의 설치	L앵커의 콘크리트 타설전 설치 또는 타설후 케미칼 앵커의 설치	샵드로잉에 표기
5. 내진철물 MAS와 앵커볼트 설치	MAS, 앵커볼트의 설치	샵드로잉에 표기

3. 스틸프레임 시스템

목 록	내 용	비 고
1 . ZSS400 소재의 KSD 3854 스틸자재의 사용	아연도금270G, 인장강도 4.0톤 의 KS 규격품	한국철강협회 인증 자재사
2. 인라인 시스템의 적용	스틸하우스의 구조적 안전성 확보	시방서에 표기
3. 구조체의 수직, 수평, 대각의 정렬	수직, 수평, 대각의 표준 오차율 준수	시방서에 표기
4. X-BRACING 설치	충분한 전단내력의 확보	홀다운 반드시 설치
5. O.S.B 전단벽의 적극 활용	X-BRACING 대체시 O.S.B 전단벽의 적극 활용	홀다운 반드시 설치
6. 내력벽, 비내력벽의 구분	비내력벽의 하중은 제로가 되어야 함	
7. 솔리드블로킹과 수평브레이스 설치	조이스트, 월 솔리드블로킹 설치	
8. 헤더, 조이스트 웹스티프너 설치	헤더,조이스트,박스빔은 반드시 웹스티프너를 설치	
9. 5600mm이상의 박스빔 설치 지양	5200mm 이상의 스판엔 H-BEAM 등 경량형강으로 구조보강, 구조설계 필요	240JL16 박스빔 전제
10. 층간 강대 혹은 타이볼트 설치	층간의 전단력 확보	
11. 허리케인타이설치	강풍시 풍선효과의 방지	
12. 홀다운의 설치 방법	바텀트랙에 밀착이 원칙이나 바텀트랙에 밀착되지 않을 경우 홀다운 하부에 이중 너팅	

4. 월구조 시스템

목 록	내 용	비 고
1. 외벽체구조	KSD3854 140mm스터드+12T O.S.B	
2. 내벽체구조	KSD3854 140mm스터드+12T O.S.B+9T석고 혹은 9T석고 2PLY 가능	임페리얼석고 1PLY 가능
3. 화장실, 다용도실 벽체구조	6T CRC보드 + 방수석고보드 + 방수코팅	
4. 보일러실 벽체구조	15T 방화 석고보드 1PLY	채택권장

5. 층간 차음구조 시스템

목 록	내 용	비 고
1. 조이스트패널 차음시스템	층간 소음 방지의 혁신적인 방법	채택권장
2. 조이스트 웹스티프너 보강재 설치	구조성능의 완성과 차음 성능 향상에 효과적	
3. 조이스트블럭킹, 브레이스의 설치	구조성능의 완성과 차음 성능 향상에 효과적	
4. 층간 바닥체 18T O.S.B 구조합판 권장	층간 차음 성능 향상 효과적	채택권장
5. 층간 방진패드 설치	18T O.S.B 위 방진패드의 설치	채택권장
6. 스틸빌라시 2층 콘크리트 타설	차음성능과 내화바닥체 인증을 위해 필수	
7. 층간 독립구조 시스템	스틸빌라경우 층간 콘크리트 타설 후 월 이렉션	
8. 층간 트리플 깔도리 시스템	7의 경우 불가시 그 대안으로 2×6 방부목을 세겹으로 설치	채택권장

6. 결로방지 시스템

목 록	내 용	비 고
1. STUD 단열재	트림제엔 반드시 차음 성능이 좋은 단열재 충진	
2. 기초바닥 프라이머의 도포	기초바닥 수분침투의 1차 방습	채택권장
3. 기초바닥 실실러의 설치	기초바닥엔 반드시 실실러를 설치	
4. 기초 토대 방부목설치	기초바닥 프라이머 도포, 실실러 설치후 방부목 토대의 설치	
5. 탑트랙 방부목 설치	방부목를 이용한 결로 방지	채택권장
6. 처마상하현재 단열	우드스터드를 이용한 결로 방지	채택권장
7. 개구부우드벅설치	우드스터드를 이용한 결로 방지	채택권장
8. 모서리결로방지공법	우드스터드를 이용한 결로 방지	채택권장
9. O.S.B하단단열처리	바텀트랙의 열교현상으로 인한 결로 차단	채택권장

7. 외단열 시스템

목　　　　록	내　　　　용	비 고
1. 층간 외부기초바닥 익스팬션조인트 설치	30mm 아이소핑크의 설치	
2. 지붕외단열 채택	단열재+열반사단열재	공기층 확보 필수
3. 외벽체외단열의 필수 채택	Tyvek + 아이소핑크, 스티로폼, 알미늄열반사지 등	
4. 숨쉬는 공기층 외벽체 공기층단열 배습시스템 채택	각상+10mm 공기층+외단열재 (열반사단열재, 아이소핑크 등)	공기층 확보 필수 채택권장

8. 방수방습 시스템

목　　　　록	내　　　　용	비 고
1. 화장실 바닥체의 단차 설계 및 시공	콘크리트 단차설계 및 시공을 통한 하수 원천 누수 방지 시스템	
2. 화장실 건식 U.B.R 시스템의 도입		채택권장
3. 화장실, 다용도실, 발코니의 방수	모르타르 방수 + 탄성 도막방수 3회	
4. 생활습기의 배출을 위한 외벽체 시스템	생활습기 배출을 위해서 공기층을 확보	

9. 지붕 시스템

목　　　　록	내　　　　용	비 고
1. 지붕재용 O.S.B합판의 사용	노출등급 1등급	
2. O.S.B 클립의 사용	Simpson Strong - Tie 社 O.S.B 클립	
3. 경사각 이음매 AL코일의 비흘림 프레싱	지붕에서의 원천적인 방수처리 방안	
4. 아이스댐현상 방지위한 윈터가드의 시공	밸리와 처마끝 부분 겨울철 일반고무시트의 경화현상 대비	
5. 고무회시트, 비흘림프레싱, 타이벡의 올바른 설치 순서 준수		

10. 외장 시스템

목 록	내 용	비 고
1. 정품 외장재의 사용		
2. 사이딩 시공시 아연네일, 스크루의 사용	콘크리트 타카의 사용 절대금물	
3. 비닐, 우드사이딩 시공시 표준시방 준수		
4. 재료분리대의 설치	이질적인 성질의 소재 사용시	
5. 물홈통 고정시 스크루 사용 지양	스크루에 이물질이 걸려 물홈통이 막힘	
6. 마운틴 블록의 설치	라이트 박스등의 설치로 고품격의 외관미를 연출	채택권장
7. 외장재 스타트 비흘림 후레싱 설치		

11. 내장 시스템

목 록	내 용	비 고
1. 미장시 익스팬션조인트 설치	미장층의 수축 팽창에 대비	
2. 2층 기초 익스팬션조인트 설치	외벽단열 및 콘크리트의 수축팽창 대비	
3. WC 벽체 하단의 코킹처리	바닥습기 제거 및 수축팽창에 대비한 익스팬션 조인트의 역할	
4. 석고보드의 퍼티 공정	차음 성능의 향상	
5. 석고보드의 모서리, 하단 틈새 코킹처리	바닥습기의 석고보드 침투 방지 및 벽체의 차음 성능의 향상 및 화재시 유독가스의 전이방지	
6. 개구부 주위의 스크류의 두께 최소화		
7. 우기시 내장공사의 지양	몰딩등 인테리어공사는 우기시 지양	
8. 투습기능이 가능한 도배지의 사용		

12. 윈도우도어 시스템

목　　　록	내　　　용	비 고
1. 윈도우, 도어의 수직, 수평 대각의 정렬		
2. 윈도우-도어의 빈 공간엔 단열 처리로 공기의 유입을 최소화	이곳에서 주택의 에너지 손실의 90% 발생	채택권장
3. LOW-E 글라스의 유리기술 채택	LOW-E글라스 유리 기술이 창호의 단열성능을 보장	
4. 윈도우 날개에는 이지실 테이프 시공	창틀과 벽체 골조 사이 공기 유입을 방지	
5. 윈도우, 도어의 설치 높이의 사전 체크		
6. 윈도우, 도어의 개구부의 균등한 분할		
7. 매입형 미서기 포켓도어 표준 시방 설치		
8. 윈도우, 도어의 보양 작업	주택 완성전 일어나는 모든 충격이나 기스로부터 창호와 도어를 보호	
9. 국산 PVC 이중창호의 적극 활용		

13. 설비 시스템

목　　　록	내　　　용	비 고
1. 설비 플랜의 사전 확정	실질 설비플랜의 사전 작성	
2. 층간 하수파이프 이중관 공법 적용	화장실등 층간 하수엔 이중으로 하수관을 설치	
3. 스톡벤트설치	하수의 악취와 소음 방지	
4. 외부PT박스의 설치	하수 소음 방지	채택권장
5. 이중방음파이프 사용	하수 소음 방지	채택권장
6. 설비자재 부착을 위한 보강 작업	에이코크 수전이나 세면기등의 위생기기 부착을 위해 조이스트 등으로 사전에 구조 보강필요	
7. 수도파이프의 단열재 충진		
8. 이중배관공법의 도입		채택권장
9. 정화조공사시 바닥,상부콘크리트의 타설		

14. 전기 시스템

목　　　　　록	내　　　　　용	비　고
1. 절연 CD관, 절연 전기박스의 사용		
2. 전기박스 파이프의 인입선 밀봉		
3. 천정 전기박스 커버의 밀봉		
4. 전기기구의 수직수평 정렬		
5. 전기박스와 조명기기 지지대의 설치		
6. 용접기의 사용 금지	용접기 사용은 스터드의 부식을 초래	아연도금 스프레이
7. 전기박스의 양쪽내기 지양	전기박스 양쪽내기는 주택의 단열성과 차음성능을 저하	
8. 조명기구 위치의 사전 설정 및 체크		
9. 전기기구 위치의 중간 체크		
10. 전기기구의 일정한 간격 유지		
11. 전기 인입선의 지중화 작업		채택권장

15. 벤틸레이션 시스템

목　　　　　록	내　　　　　용	비　고
1. 리지벤트 시스템	리지벤트 홀의 사이즈는 30mm	
2. 게이블벤트 시스템설치	게이블벤트 홀의 사이즈는 300mm	
3. 루프벤트 시스템의 설치	저경사 지붕, 모임 지붕, 다락방 지붕	
4. 엣지벤트 시스템	처마가 없는 경우 반드시 적용	
5. 래프터벤트 시스템	래프터방식일 경우에 반드시 적용필요	
6. 강제 벤틸레이션 시스템	강제 자동 팬방식	제주도 적용
7. 각지역의 특수성에 맞는 처마소핏 오픈	중부지방60mm, 남부지방 40mm, 제주도는 밀봉	

16. 데크 시스템

목　　　　록	내　　　　용	비　고
1. 불량 방부목의 사용 금지	함수율13%의 방부목 사용	
2. 방부목의 사전 마감손질	시공시 방부목의 사전손질이 마감에 유리	권장 채택
3. 아연 네일, 스크류의 사용	콘크리트타카 시공 절대 금물	
4. 네일링시 네일은 데크판 양쪽에 배치		
5. 스텐 앵커볼트의 사용		
6. 사전 오일스테인 도장		

17. 놓치기 쉬운 표준기술

목　　　　록	내　　　　용	비　고
1. 인슐레이션 처짐 방지 채택	3m 스프레이 도포방법, 처짐방지철물 설치	
2. 스틸하우스의 체크라인 점검구의 천공		
3. 목조자재의 유연한 활용	결로방지용 목자재, 공학용목재와 구조용집성재 등의 활용	
4. 경량형강철골의 유연한 활용	5600mm 이상의 장스팬엔 H-BEAM 등의 경량 형강철골조 활용	240JL16 박스빔 전제
5. RC조의 유연한 활용		
6. 친환경 소재의 건축자재 채택	웰빙스틸하우스의 전제	권장채택
7. 에너지 절약 웰빙 공기순환 시스템	업그레이드된 웰빙스틸하우스	권장채택
8. 홈 오토매틱시스템의 도입	디지탈 스틸하우스 출발점	권장채택

스틸하우스 현장 100대 표준기술의 정립과 이해

스틸하우스 신건축공법의 도입이후 그간 RIST 등 스틸하우스 선진 기술진들에 의하여 많은 혁신적인 스틸하우스 기술공법들이 연구 개발되어 왔다. 이러한 기술개발의 화두는 바로 한국적 상황에 맞는 스틸하우스의 이론과 기술 즉, 한국형 정통 스틸하우스의 개발과 적용이다. 현재 각 시공사나 현장에서는 개별적이고 독창적인 스틸하우스 기술들이 적용되고 있는데 문제는 이러한 이론과 기술의 실제 현장에서의 적용을 표준화시키는 과제가 남겨져 있다. 아무리 좋은 기술도 표준화되어 있지 않다면 시장에서 고객으로부터 외면받을 수 밖에 없다. 워크맨의 신화 일본 소니사가 디지털 카메라에서 디카 부품의 세계적인 표준화에 대열에 불참하여 겪고있는 경영란은 우리 스틸하우스 업계에도 시사하는 바가 크다. 북미 목조주택의 경우 레지던스 코드표가 정립되어 있으며 이에 따른 시공의 표준화는 목조주택 시장의 경쟁력을 견인하고 있다. 이제 한국의 스틸하우스 업계에도 그러한 스틸하우스 표준기술이 정립되어 각 지역별, 사례별 실정에 맞는 표준기술들이 적용되어 정도시공과 원칙시공의 기준점이 마련되어야 할 것이다. 이는 현장에서 종종 발생할 수 있는 부실공사 논란을 잠재울 수 있는 건축주와 시공사, 스틸하우스 기술진 3자의 공동의 바로미터가 될 수 있으며 이를 통해 스틸하우스 고객만족도의 향상을 통한 스틸하우스의 시장의 궁극적인 확대를 기대해본다. 논의의 순서는 기초시스템, 구조시스템, 결로방지시스템, 2층바닥차음구조시스템, 월구조시스템, 방수시스템, 외단열시스템, 악세사리시스템, 지붕시스템, 외장재시스템, 수장공사시스템, 윈도우공사, 설비시스템, 전기공사시스템, 벤틸레이션 시스템, 데크공사 시스템, 설계시 필수고려 사항, 기타의 순서로 전개하고자 한다.

【 잘 정렬된 스틸하우스 트러스 시스템 】

【 스틸하우스 100대 표준기술이 잘 적용된 문경 스틸하우스 】

A. 기초시스템

1. 기초공사의 방식 -줄기초와 매트기초의 혼용

스틸하우스 기초공사 방식은 지반의 특성과 동결선을 고려하여 줄기초나 매트기초를 결정한다. 스틸하우스의 하중은 자체하중이 RC조 대비 1/8 선이므로 줄기초만을 고집할 필요는 없다. 그러나 매트기초 일지라도 외곽 라인의 기초 부분은 그 지역 동결선까지는 기초콘크리트 타설이 될 수 있어야 한다. 스틸하우스는 줄기초와 혼용된 매트기초가 경제적으로 유리하다고 볼 수 있다.

【 줄기초와 매트기초가 혼용된 스틸하우스 기초 】

2. 기초공사시 견고한 기초를 위한 핵심공정 - 잡석다짐

기초공사시 가장 중요한 요소는 기초 방석 자리를 그 지역의 동결선 아래로 앉히는 작업일 수도 있지만 그 보다도 더 중요한 것은 기초 방석자리에 잡석다짐을 하는 것이다.

【 기초공사시 필수공정인 잡석다짐 】

잡석다짐이 잘 되어야만 토지의 물빠짐이 보장될 수 있기 때문이다. 물빠짐이 잘 되지 않는 땅은 수분을 흡수하여 밀가루 반죽처럼 질퍽질퍽해지고 결국은 기초의 붕괴로 이어지게 된다. 그러므로 기초방석 자리의 200mm 잡석다짐은 견고한 스틸하우스를 위한 첫걸음이 되는 것이다.

3. 스틸하우스의 생명 - 기초레벨 오차율

스틸하우스 절대 지상과제는 바로 기초레벨을 오차율 범위로 맞추는 것이다. 기초 레벨이 안 맞으면 스틸하우스에는 엄청난 부실이 뒤따른다. 우선은 실실러를 부착하지 못하여 콘크리트와 닿은 하부트랙이 부식되어 가고 이는 결국 건물의 구조

【 기초레벨이 맞지 않아 실실러가 설치되지 않은 현장의 모습 】

【 벽체에 크랙이 발생한 모습 】

적 불안정성을 증대시킨다. O.S.B로 괴어 놓은 것도 결국은 시간이 흘러 부식되어 건물이 주저앉게 되고 벽체의 곳곳에 금이 간다. 또한 기초가 틀리면 시공사에도 엄청난 후속공정의 비용 상승이 초래되고 이는 결국 총체적 부실공사로 이어지는 결과를 낳는다.

스틸하우스에서 기초레벨은 생명이다. 안타깝게도 대다수 스틸하우스의 현장에서 기초레벨의 오차율이 벗어나고 있으며 결국 이는 몇 년의 시간이 흐르면 스틸하우스의 구조적 불안정성 증대를 초래하게 된다. 기초레벨오차율을 3mm 이내로 맞출 수 있는 시공기술을 간직한 시공사(스틸하우스 빌더)가

스틸하우스의 명품브랜드를 가질 수 있는 자격이 있는 것이다.

4. 기초 J볼트와 홀다운의 설치

스틸하우스의 전단벽에는 홀다운이 설치되고 이 홀다운 자리에는 일반 앙카볼트가 아닌 450~1000mm의 기초공사용 J볼트를 콘크리트 타설 전 미리 설치한다.

흔히 홀다운 앙카로 세트앙카를 설치 하기도 하나 스틸하우스는 구조적 측면에서 전단벽에 의하여 건축물의 구조적 안전성이 보장되므로 홀다운 자리엔 반드시 스틸하우스 전용 구조기초용 J볼트를 설치하여야한다. 이는 스틸하우스 표준 시공의 대표적 사례이다. 만약 타설 전 설치가 불가능했다면 타설 후라도 케미칼 앙카를 설치해야 한다.

【기초공사 전 설치되어야 하는 스틸하우스 기초공사용 J볼트】

5. 스틸하우스 내진철물 MAS(Mudsill Anchor Slab)의 설치

스틸하우스 구조물에 작용하는 풍하중은 구조물을 부상(uplift)하게하는 하중이 작용하고 풍하중의 작용방향으로 밀리게 하는 하중이 작용한다.

MAS는 바로 이러한 하중들에 대항하여 구조물을 제 위치에 잡아두는 역할을 한다.

1급 태풍이 스틸하우스를 강타했을 때 허리케인타이가 지붕을 벽체에 꽉 잡아두어 지붕이 태풍에 날라가지 않게 하지만 벽체자체가 기초에 제대로 긴결 되지 않는다면 구조체가 지붕을 매단채 통째로 날아갈 것이다.

MAS는 바로 이렇게 스틸하우스 구조물 전체를 바람에 날아가는 것을 방지해주는 역할을 한다. 메스는 스틸하우스의 악세사리가 아닌 스틸하우스의 핵심 부속철물이다.

메스의 간격은 1200mm 간격으로 설치하며 그 사이엔 앵커볼트를 심어준다.

매스와 앵커볼트는 기본적으로 거의 같은 역할을 한다 볼 수 있으나 Simpson Strong-Tie社의 MAS는 하부트랙의 넓은 면적을 카바하기에 앵커볼트에 비해 수평횡력에 대항하는 전도내력이 어느 정도 보장되며 부상에 대한 대항력에 있어서 훨씬 더 강한 강도를 지닌다고 볼 수 있으며 앵커볼트는 주로 부상에 대항하는 보조적인 구조용 철물로 봐야 하는 것이다.

【스틸하우스의 내진 필수철물 MAS】

【스틸하우스의 내진 필수철물 MAS】

B. 스틸프레임 시스템

6. 스틸하우스 구조설계의 핵심키워드는 인라인시스템의 준수

스틸하우스는 구조적으로 내력벽의 경우 IN LINE SYSTEM (수직부재의 일직선으로의 정렬)을 채택한다. 트러스 부재를 통해 전달된 힘이 벽체의 스터드를 타고 층간 조이스트에 그대로 전해지며 조이스트에 전달된 힘은 층간 자중까지 더해져 기초 바닥에 전달되는 구조시스템인 것이다. 그러므로 내력벽일 경우 다음의 사항을 반드시 준수해야한다. 첫째 트러스 바텀코드와 월의 탑트랙과 만나는 스터드는 무조건 인라인 시스템을 적용한다. 불째 월의 바텀트랙과 만나는 스터드는 조이스트와 정확하게 인라인시스템을 적용한다. 셋째 1층 바텀트랙과 접합하는 기초바닥의 레벨오차는 표준 평활도 오차율 범위내로 시공되어야한다. 인라인 시스템의 미준수는 트랙의 국부좌굴현상을 초래하며 이는 건축물의 침하 현상이라는 부정적 결과를 초래한다.

【 IN LINE SYSTEM의 미준수는 건물의 침하를 초래 】

7. 스틸하우스 내진설계의 하일라이트 X-BRACING의 정도시공

스틸하우스는 골조 자체적으로 내진설계가 이미 완성되어 있다. 그리고 그 내진 설계를 완성시키는 것은 한 치의 오차도 허용되지 않는 X-BRACING의 설치에 있다.

【 스틸하우스의 내진설계를 완성하는 잘 정렬된 X-BRACING 】

숙련된 스틸프레이머의 정확한 스크루의 개수와 완벽한 스크루드라이빙이 절대적으로 필요로 되어지는 시공과정이다.

8. 월-블록킹과 조이스트 블럭킹의 설치

스틸하우스에 수직으로 가해지는 하중에 의해 스틸하우스 벽체구조는 좌굴 현상을 일으킨다. 블록킹의 설치는 이러한 스틸하우스 벽체의 좌굴 현상을 극복할 수 있다. 아울러 2층 바닥 조이스트 시스템에도 블록킹을 설치하여 조이스트가 뒤집어지는 현상을 극복할 수 있다.

【 잘 정렬된 월 블록킹과 조이스트 블럭킹 】

9. 수평 브레이싱의 설치

월 블록킹과 조이스트 블록킹을 보강하고 최종적으로 완성시키는 것은 월브레이싱이다. 이때 주의 할 점은 월 블럭킹 위에 브레이스를 체결해야 한다는 것이다.

【 블럭킹 위에 체결된 브레이스 】

10. 1, 2층간 조이스트 관통 타이볼트의 설치

1, 2층 간의 타이볼트는 1층에서의 J볼트의 역할을 한다. 2층 월에 작용하는 전단력은 층간의 타이볼트에 긴결된 홀다운으로서 충분히 대항할 수 있다. 대개의 경우 1층, 2층 긴결시 19mm육각이나 50mm육각으로 2층탑트랙과 조이스트 박스빔의 상부를 체결하고 마는 경우가 허다하나 스틸하우스의 전전단력을 확보하기 위해서는 1층 탑 트랙 위에 조이스트 박스빔이 있는 경우 1층과 2층의 긴결을 위해 550mm정도의 타이볼트로 조이스트를 관통시켜는 2층 하부트랙과 1층 탑트랙을 한꺼번에 같이 잡아 체결하며 이때 그 간격은 2000-1200mm 정도가 적당하고 특히 홀다운의 경우는 필수로 설치한다. 타이볼트 설치가 불가능하다면 층간 긴결 철물인 강띠를 설치한다. 물론 이 경우에도 홀다운을 반드시 설치한다.

【 1층, 2층을 관통한 타이볼트 】

11. 스틸하우스를 강구조적으로 완성시키는 조이스트 웹스티프너의 설치

스틸하우스의 층간 구조는 조이스트 구조를 채택하고 있다. 조이스트는 허용하중 표에 나와 있는 것처럼 싱글일 때와 더블일 때 그리고 웹스티프너로 보강되어 있는 경우와 보강되지 않은 경우 등으로 나누어진다. 문제는 웹스티프너의 보강을 빠뜨리곤 한다는데 있습니다.

【 조이스트 웹스티프너가 설치된 모습 】

이는 스틸하우스의 치명적인 구조적 결함으로 나타날 수도 있다. 더우기 경량기포 CON' C 등을 타설하는 구조라면 더더욱 그러하다.

웹 스티프너의 설치는 절대 잊어서는 안 되는 스틸하우스 구조디테일이다.

【 스틸하우스 골조공사 시 허리케인타이는 반드시 설치되어야한다 】

12. '허리케인타이' 의 설치는 필수

강풍으로 주택의 유리가 풍압으로 인해 터져 나가면 풍선 효과(ballon effect)로 인하여 압력이 내부에서 외부로 작용하고 이 힘으로 인하여 다른 출구와 유리창도 외부로 터져나가며 지붕이 하늘로 날아간다.

이러한 강풍으로 지붕이 통채로 날아가는 것을 방지하기 위한 철물이 바로"허리케인타이"이다. 허리케인타이의 설치는 지진과 태풍으로부터 스틸하우스를 보호해 주는 필수 철물이다.

13. 스틸하우스의 철골자재는 정품 KSD3854 스틸스터드를 사용하여야 한다.

스틸하우스는 원소재 ZSS400(SGL 400)의 구조용 강재 KSD3854가 사용되어야 함은 주지의 사실이다.

【ZSS400소재로 생산된 KSD3854 규격의 스틸스터드로 시공된 스틸하우스 철골조 전경】

그러나 현실에서는 어떠한가? 스틸하우스라는 이름으로 여러 가지 시스템(단열보강패널 스틸하우스, 스틸프레임드하우스 등등)을 제시하면서 스틸하우스 시장에서 유사 스틸하우스들이 난립하여 소비자들을 대혼란에 빠트리고 있다. 이들이 사용하는 강재는 애석하게도 항복점/ 인장강도/ 연신율이 현저히 떨어지는 일반용 강재를 사용하고 있는데 일반 소비자들은 포항제철의 스틸을 사용하였다는 말에 그 차이를 알지 못하고 현혹되고 있는 실정이다. 스틸하우스 전용 강재가 아닌 일반용 강재의 스틸스터드로의 제작은 10여년간 스틸하우스의 발전을 위해서 애써온 스틸하우스 선두 기업뿐만 아니라 스틸하우스 산업 전체에 치명적인 악영향을 끼치므로 한국철강협회 강구조센터 회원사인 자재메이커들의 KSD3854 정품 자재만을 사용하여야 할 것이다.

【냉간성형강의 종류】

종 별	기 호	항복점 (N/㎟)	인장강도 (N/㎟)
일반용	SGCC	-	-
일반경질용	SGCH	-	-
가공용 1종	SGCD1	-	270 이상
가공용 2종	SGCD2	-	270 이상
가공용 3종	SGCD3	-	270 이상
구조용	SGC340	245 이상	340 이상
	SGC400	295 이상	400 이상

C. 결로방지 시스템

14. KING-STUD와 TRIM-STUD사이 공간과 JOIST BOX BEAM 내부공간에는 단열재가 충전 되어야 한다.

【그라스울로 충전된 스터드 사이의 인슈레이션】

KING-STUD와 TRIM-STUD 사이와 JOIST BOX BEAM 내부공간에는 반드시 단열재가 충전되어야만 한다. 충전되는 단열재로는 스치로폼, SKY-VIVA나 글라스울 등이 있다. 스치로폼의 스터드 충전은 쉽고 간편하다는 장점이 있으나 차음성능이 떨어지고 화재발생시 안전에 취약하다. 글라스울은 단열과 차음성능은 뛰어나나 장마철 우수에 노출될 위험성이 크므로 스터드 테이핑과 실리콘 실링작업이 보완되어야 한다.

【단열재를 사전 충전한 JOIST BOX BEAM】

15. 아무리 강조해도 지나치지 않은 월 하부트랙의 실실러의 설치

스틸하우스 하부트랙은 기본적으로 기초 콘크리트와 항상 맞닿아있는 부분이다. 그러므로 항상 습기에 노출되어 있으며 이는 자칫하면 스터드의 부식으로 야기되고 결국은 건축물의 부실로 연결되고야 만다.

그러므로 스틸하우스 월의 하부트랙은 습기로부터 보호되어야하고 이를 위해 실실러를 반드시 설치해 주어야 한다.

문제는 기초레벨이 맞지 않으면 실실러를 설치하기가 곤란하다는 점인데 기초를 다시 하더라도 실실러는 반드시 설치하여야 한다.

【기초레벨이 잘 맞아 방습패드인 실실러가 제대로 설치된 모습】

16. 기초하단 바텀트랙에 올라오는 콘크리트 습기의 차단 방법

바텀트랙을 기초하단의 콘크리트 습기로부터 어떻게 차단할 것인가? 우선은 기초레벨을 맞추어야만 한다. 기초레벨을 최소3mm이내로 시공한 후 프라이머를 도포한다. 이때 주의 사항은 도포하기전 콘크리트 바닥을 반드시 컵그라인더로 샌딩하여야하는데 이는 콘그리트 위의 이격층을 제거해야 하기 때문이다. 프라이머를 도포 후엔 실실러(방습지)를 설치하고 실실러 위에는 2 × 6 방부목을 토대로 설치하고 방부목 위에 다시 실실러를 설치한다.

【프라이머 도포 후 실실러가 설치되고 그 위에 방부목을 설치】

17. 스틸하우스의 외벽 O.S.B 합판 하단의 단열 시공

스틸하우스의 외벽 O.S.B합판 시공시 기초 하단부 아래로 O.S.B를 반드시 40-50mm 이상 내려서 시공하여야 한다. 이는 겨울철 결로가 가장 쉽게 나타나는 스틸하우스의 바텀트랙 부분을 단열처리하기 위해 40-50mm 내려진 O.S.B와 기초하단 사이의 틈을 반드시 우레탄 폼이나 기타 단열재로 충전하여야 한다.

【기초와 O.S.B하단 사이는 우레탄등으로 단열 처리】

18. 트러스를타고 벽체에 내려오는 결로를 방지하는 디테일 공법1(처마 상하현재 끝자락의 우드스터드 대체)

외단열 시공에도 불구하고 겨울철 월의 탑트랙 부분에서 결로가 발생할 수도 있다. 이는 지붕단열의 부재로 외부의 찬 공기가 트러스의 탑코드를 타고 바텀코드로 전달되고 이것이 다시 탑트랙에 전달되고 이때 실내의 따뜻한 공기와 만나서 이슬 맺힘이 생기기 때문인데 이는 아이스댐 현상과 맞물려 실내 탑 트랙에서 물이 흐르는 최악의 상태에 이를 수도 있다. 이의 해결방법으로는 우선 지붕 외단열은 기본적으로 반드시

【처마의 끝 부분을 스틸스터드가 아닌 우드스터드로 시공】

해주어야 한다. 이 전제하에서 경제적 여건이 허락된다면 트러스의 탑코드와 바텀코드, 수직재의 처마 돌출부분을 스틸스터드가 아닌 2×4 우드스터드로 대체하는 방법이 권장될 수 있다. 이는 처마 끝에 전해오는 외부의 찬 공기가 탑 트랙으로 바로 전달되는 것을 막기 위함이다.

19. 트러스를 타고 벽체에 내려오는 결로를 방지하는 디테일 공법 2(탑 트랙 위 방부목의 설치)

스틸하우스의 결로중 트러스를 타고 벽체에 내려오는 결로를 잡을 수 있는 손쉬운 방법으로 탑 트랙 위에 2 × 6 우드 방부목을 설치하는 방법이 있다. 우드 방부목이 없는 경우에는 18.3T O.S.B를 탑트랙 위에 설치하는 것도 큰 효과를 발휘한다. 이는 목재가 스틸보다는 열전도율이 낮기 때문에 이를 100% 활용한 방안이라 할 수 있다.물론 이 경우에도 지붕 외단열은 미리 전제되어 있어야 한다. 아울러 스틸소재의 페이샤도 되도록이면 O.S.B 합판으로 연결해야만 처마의 결로발생을 억제시킬 수 있다.

【 탑 트랙위 방부목이나 O.S.B의 설치로 탑트랙의 결로를 예방 】

【 탑 트랙위 방부목(구조목)이 설치된 모습 】

20. 개구부 우드 벅의 설치

스틸하우스 개구부는 스틸스터드로 마감하기 보다는 2×6 구조목으로 개구부 전체를 감싸주는 시공 방법이 권장된다. 이는 개구부로부터 전해오는 외부의 찬공기를 최소화 시키고 창호나 도어의 시공을 편하게 할 수 있는 장점이 있다.

【 개구부에 우드스터드로 우드벅을 설치한 모습 】

【 우드벅의 설치로 윈도우 도어 설치의 용이함뿐만 아니라 결로의 예방 효과 증대 】

21. 스틸하우스 모서리 단열 프로그램의 도입

가장 완벽한 건축공법도 반드시 단점은 있게 마련이다. 스틸하우스 건축공법은 많은 장점이 있는 반면 디테일 부분에서 결로가 발생한다는 단점이 있다. 스틸하우스에서는 외단열 공사가 반드시 필요하다는 것은 누구나가 알고 있는 사항이다. 그런데 이런 외단열 공사말고도 스틸하우스는 디테일한 부분에서 반드시 신경을 써 주어야 할 부분들이 있다.

스틸하우스 모서리 부분은 보통 홀다운 설치와 TEE STUD의 설치로 보통 6~10개 정도의 스터드가 집중된다. 거기에다 가셋플레이트, 스트랩, 홀다운등이 설치되어 적외선 카메라로 촬영해보면 모서리 부분이 실내 평균 온도보다 2~3도 정도가 낮게 나타난다. 이는 실내내부의 더운공기가 모서리 부분에 쉽게 안착하여 결로가 발생할 수 있는 가장 좋은 조건이 형성된다. 이러한 모서리 부분의 결로 방지로서 추운 나라인 핀란드 등에서는 단열스터드가 사용되고 있지만 한국에서는 현재 개발단계에 있으므로 다른 대체 방법을 적용하였다.

그 방법으로

- 첫째 스틸하우스의 모서리 부분은 100% 완벽하게 인슐레이션으로 중단열을 한다.
- 둘째 홀다운 부분은 우레탄폼을 사용하여 이 역시 한 치의 틈도 없이 단열처리 한다.
- 셋째 모서리의 END STUD와 TEE STUD는 2×6 구조용 목재스터드로 대체하여 시공한다. 단, 이 때 주의할 점은 절대로 홀다운 백투백 킹스터드는 목재스터드로 대체해서는 안된다. 대체시엔 전단벽의 전단내력이 현저히 떨어질 수 있기 때문이다.
- 넷째 최소한 10mm 아이소핑크 이상으로 외단열 시스템을 적용한다.

【스틸하우스의 모서리엔 우드스터드를 사용하여 결로 현상을 예방】

D. 층간 차음구조 시스템

22. 진동음과 차음에 완벽한 2층 바닥의 "조이스트패널 차음시스템" 의 적용

스틸하우스는 2, 3층간 바닥구조로 조이스트를 설치할 시 7~8m의 롱스팬 조이스트를 그대로 설치하는 것이 관례화되어있다.

아쉽게도 이는 층간의 진동과 소음을 일으키는 원인이 된다.

한쪽에서의 충격음이 7~8m의 조이스트를 타고 반대편까지 진동과 소음이 전달되는 것이다. 이것이 바로 층간 소음에서 가장 잡기가 어렵다는 구체 전달음인 것이다.

공간과 공간 위를 내지르는 조이스트는 공간과 공간이 만나는 지점에서 중앙의 벽을 내력벽 구조로 바꿔 조이스트를 끊어서 설치하는 발상의 전환이 필요하다.

아래 사진에서처럼 중앙 월 위의 탑 트랙 위 조이스트 트랙을 설치시 양쪽 조이스트트랙 사이를 20mm 정도 띄웠고 그 사이는 인슐레이션으로 충전하는 방법이다.

이것이 바로 스틸빌라의 층간 차음 방지를 위한 혁신적인 신공법 '조이스트패널 차음시스템' 이다.

【홀다운의 우레탄단열재 충전으로 결로방지】

【층간 소음을 방지하는 혁신적인 조이스트 패널차음시스템】

【공기층 단열배습 시스템이 적용된 스틸하우스】

【층간 소음을 방지하는 혁신적인 조이스트 패널차음시스템】

23. 2층 바닥의 방진패드 시스템

스틸하우스에서 조이스트위 데크플레이트의 시공은 데크플레이트의 부식이라는 예기치 못한 결과가 초래될 수 있다.

진동음과 차음에 완벽한 2층 바닥을 시공하기위해 조이스트위에 방진 가스켓을 설치하고 그 위에는 데크플레이트가 아닌 18mm O.S.B를 설치하고 그 위에 진동과 소음 흡수를 위하여 방진패드를 깔아준다. 방진패드의 대체품으로 2mm고무시트를 깔아주는 것도 경제성과 실용성을 고려한 선택이다.

【 조이스트 위 방진 패드의 설치 】

【 바닥에 고무시트 시공 】

24. 2층 콘크리트의 타설

스틸하우스의 층간 소음과 진동을 방지하기위한 시스템으로 O.S.B 합판+고무시트 구조체에 10mm 철근 혹은 #6 와야메쉬를 배열하고 그 위에 콘크리트 80~120mm를 타설하는 방법은 음의 저주파 영역을 차단하는 효과를 나타낸다.

【 스틸하우스에 콘크리트를 타설하여 층간 소음을 줄인다 】

물론 소음의 고주파대의 음역은 인슈레이션으로 잡을 수 있으므로 이러한 스틸하우스 바닥 구조체는 스틸하우스 시험바닥판중 최고의 차음성능을 유지하는 최상의 바닥구조체이다.

E. 월 구조 시스템

25. 합리적인 스틸하우스 외벽체 구조

스틸하우스의 외벽체구조는 O.S.B합판+140mm스터드+O.S.B합판+석고보드1PLY 구조가 강구조적인 측면에서 가장 적당한 형태이며 이때 O.S.B합판은 APA마크의 북미산 O.S.B를 사용한다.

26. 합리적인 스틸하우스 내벽체 구조

스틸하우스의 내벽체구조는 '석고보드1PLY+O.S.B합판+140mm스터드+O.S.B합판구조+석고보드1PLY 구조' 또는 '석고보드2PLY+O.S.B합판+140mm스터드+O.S.B합판구조+석고보드2PLY 구조' 가장 이상적인 형태이다. 물론 이때의 O.S.B합판은 APA마크의 북미산 O.S.B를 사용하는데 벽체에 못을 많이 박는 한국인의 특성상 베이스는 합판으로 마감은 석고보드 1PLY가 적당하다. 물론 내화 구조가 필요한 경우는 12T 방화석고보드를 2PLY로 양쪽에 마감한다.

27. 최첨단의 화장실 내벽체 구조

스틸하우스 화장실은 건축의 최첨단의 기술이 요구되어지는 곳이다. 이곳은 항상 습기와 물이 연 365일 건축자재를 공격하는 지점이기 때문이다. 스틸하우스의 건식공법이 발전하기 위해서는 화장실내의 물과 습기의 공격을 물리쳐야만 한다. 이런 의미에서 스틸하우스 내벽 구조체에 대한 근본적인 물음을 던져본다. 현재의 O.S.B합판 + 방수석고보드의 구조체는 근본적으로 습기와의 전쟁에서 백전백패할 수 밖에 없다. 왜냐하면 O.S.B는 습기에 약하기에 그 팽창 수축율이 스터드의 팽창계수를 능가하기에 결국은 벽체에 금이가고 이는 타일줄눈의 크랙으로 나타나기 때문이다.

스틸하우스 화장실에서 유난히도 크랙 발생이 많은 이유는 건식공법에서 나타나는 쿵쾅대는 울림이 발생하기에 어쩔 수 없는 측면이 있기는 하나 근본적으로는 합판의 팽창계수가 너무 크기 때문에 나타나는 현상이라 할 수 있다.
그러므로 O.S.B + 석고보드 구조체는 O.S.B 대신 습기와 팽창계수가 강한 CRC보드 또는 석고보드와 같은 무기질 자재로 교체되어야 할 것이다.

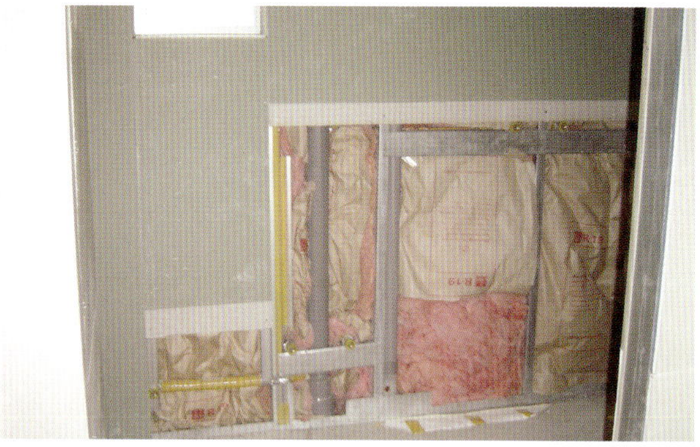

【 O.S.B가 아닌 CRC보드+석고보드로 이루어진 스틸하우스 화장실벽 구조체 】

28. 올바른 보일러실의 벽체 구조

보일러실의 벽체구조는 보통 석고보드1PLY+O.S.B합판+140mm스터드+O.S.B합판구조+석고보드1PLY 구조로 이루어지는데 이는 보일러실의 특성상 전혀 채택될 수 없는 구조이다. 내화를 기준으로 한다면 보일러실의 벽체는 140스터드+12T 방화석고보드를 2PLY로 마감하는 것이 옳으며 본체와 만나는 벽체는 보일러의 기계 소음 차단을 위하여 이중벽으로 설계하는 것이 올바르고 천정 역시 12T 방화석고보드 2PLY의 내화구조로 시공되어야 한다.

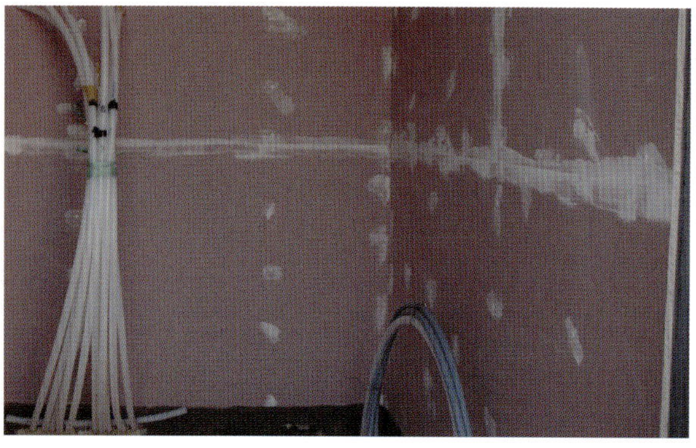

【 방화석고보드로 마감된 보일러실 】

29. 석고보드의 완성은 석고보드 퍼티 공정에서 끝난다.

스틸하우스의 내벽체를 석고보드 1PLY로 한다면 반드시 테파보드를 사용하여야 하고 2PLY로 마감한다면 최종 외부 석고보드는 테파보드로 사용하고 석고보드의 안팎 모서리 부분은 어느 경우든 퍼티로서 메꿈 작업을 행해야만 한다.

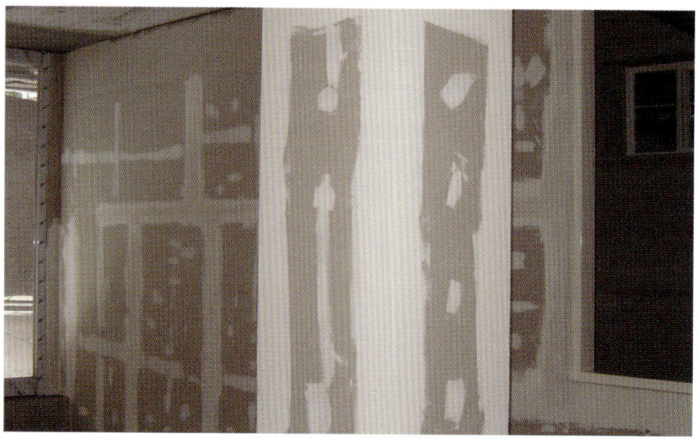

【 석고보드의 틈새는 반드시 석고퍼티나 수용성 실리콘으로 메꿈 작업을 행해야 한다 】

흔히 석고보드의 틈새를 '숨 쉬는 벽체시스템' 이라고 우겨대는 경우가 많은데 이는 화려한 말장난에 불과하다. 석고보드의 틈새는 스틸하우스의 차음과 단열성능을 저하시키는 주요인이 되고 있다.
생각해보자! 만약 안방에서 화재가 일어난다면 유독가스는 석고보드의 틈새를 타고 아이들 방으로 전파될 것이다. 이 얼마나 끔찍한 살인행위인가? 그러므로 석고보드의 틈새는 특히 모서리 틈새는 반드시 메워 주어야만 하는 것이다.

G. 스틸하우스 벽체 외단열 시스템

30. 미장공사시 익스팬션조인트의 설치는 선택이 아닌 필수

미장공사시 석고보드를 바닥에 그냥 파묻히도록 놔두는 경우가 허다하다. 혹은 이를 방지하기 위해 석고보드공사는 미장공사 후에 실행한다.

전자의 경우 그 엄청난 양의 물을 석고보드가 흡입하여 향후 석고가 부실해지거나 곰팡이가 생기는 주요인이 될 수도 있다. 후자의 경우는 공사의 연속성이란 측면에서 경제적인 마이너스가 작용한다.

【 익스팬션조인트의 설치로 스틸하우스 외벽체의 결로 방지와 미장 크랙을 방지 】

한편 스틸하우스 미장공사시 모르타르의 수축, 팽창을 유연하게 잡아줄 장치가 부재하여 미장 후 방바닥이 쉽게 금이 가는 현상이 발생한다는 것이다.

스틸하우스에서 이러한 위의 세 가지 문제점을 일시에 해결할 수 있는 방법이 바로 '익스팬션조인트' 설치이다.

익스팬션조인트의 소재는 10mm 아이소핑크 등이 이용될 수 있는데 이것을 미장 마감선 까지 내부 벽체에 미리 고정시키는 방법으로 설치한다. 익스팬션조인트이 설치는 큰 비용 들이지 않고서도 스틸하우스의 주거 성능을 획기적으로 개선시킬수 있는 유용한 방법이 될 수 있겠다.

31. 2층 기초공사시 외벽가이드에도 익스팬션조인트를 설치

스틸하우스에서 2층 기초공사시 외벽 스틸가이드라인에도 겨울철 결로를 대비하여 아이소핑크 등으로 익스팬션조인트를 설치한다. 30mm 아이소핑크로 2층 기초 바깥부분의 단열층을 확보함으로써 콘크리트로 전해지는 겨울철의 내외부 온도차로 인한 결로를 방지할 수 있으며 아울러 콘크리트의 수축, 팽창을 대비한 소프트 층을 가지게 되어 콘크리트의 크랙을 방지할 수 있다.

【 2층 기초공사시 30mm 아이소핑크를 설치하여 기초층의 외벽체의 결로를 방지 】

32. 스틸하우스의 경제적인 지붕 외단열 시스템 공법 적용

일반적으로 스틸하우스나 목조주택 현장에서 지붕 구조체의 구성은 보통 O.S.B합판1장+고무시트+아스팔트싱글로 이루어지고 있다.

그런데 이러한 구조체는 바로 스틸하우스 지붕 외단열의 포기로 이어져 스틸하우스의 주택성능을 저하시키는 주범이 될 수도 있다.

스틸하우스의 지붕체 외단열이 없을 경우 겨울철 트러스의 탑코드와 바텀코드의 차가운 온도가 월의 탑 트랙에 그대로 전해지고 이는 실내 벽체의 따뜻한 공기와 만나 결국 실내 벽체의 결로 현상으로 이어지는데 특히 여름철에는 아스팔트싱글과 고무시트가 집열판 구실을 하므로 지붕 외단열이 없는 스틸하우스의 지붕체는 한증막과 같은 온도를 유지하고 이는 천정의 인슐레이션에 그대로 영향을 끼쳐 천정 아래의 실내 공기를 덮히는 역할을 한다.

그러므로 스틸하우스의 지붕체 외단열은 절대 포기할 수 없는 시공 원칙이 되어야 한다.

【 10mm 아이소핑크+열반사단열재 방식의 지붕 외단열 】

스틸하우스의 지붕외단열 방법은 다음과 같다.

- O.S.B합판+50mm각재상+50mm 스치로폼 방식
- O.S.B합판+30mm 각재상+30mm 아이소핑크 방식
- O.S.B합판+열반사단열재+10mm 아이소핑크 방식
- O.S.B합판+열반사단열재 방식

문제는 경제성인데 원칙을 견지하면서도 최소의 비용으로 시공할 수 있는 스틸하우스 지붕 외단열 공법으로 10-20mm의 아이소핑크+열반사 단열재 + O.S.B합판 방법이나 열반사단열재 설치의 시공방법이 권장될 수 있겠다. 특히 열반사 단열재를 설치 함으로써 지붕의 복사열을 차단하여 여름철에는 시원하고 겨울철 따뜻한 스틸하우스 지붕체를 만들 수 있을 것이다.

33. 스틸하우스 외벽체의 단열배습 시스템의 채택

스틸하우스는 중부 지방 이하의 경우 대개 외벽체 외단열을 포기 하곤 하는데 이는 내벽체의 결로 현상 발생으로 바로 이어지는 결과를 초래할 수도 있다. 문제는 외벽체 단열의 방법인데, 외벽체에 단순히 외단열재를 부착시키는 방법만으로 스틸하우스의 주거성능을 향상시킬 수 없다. 한국형 정통스틸하우스에 있어서 외벽체 단열배습시스템의 적용은 선택이 아닌 필수이다. 한국형 정통스틸하우스의 외벽체 단열배습시스템의 방법은 다음과 같다.

- 50M/M 각재+10mm 공기층+40mm 스치로폼
- 30~20mm 각재+10mm 공기층+10~20mm 아이소핑크
- 10mm 각재+10mm 공기층+10mm 아이소핑크
- 10mm 각재+10mm 공기층+열반사단열재(슈퍼온도리)
- 10mm 각재+10mm 공기층+타이벡

위에서 보는 바와 같이 한국형 정통스틸하우스의 외단열 공법에 있어서 핵심은 단순히 외단열재를 외벽체에 부착한다는데 있는 것이 아니라 외벽과 외단열재 사이에 반드시 공기층을 확보해야 한다는 점에 있다. 이로서 스틸하우스 단열 성능의 향상과 외벽체의 생활습기 방출을 유도함으로써 최첨단의 하이테크한 숨쉬는 벽체 시스템을 구현할 수 있기 때문이다.

【공기층이 확보된 외벽체 단열배습시스템】

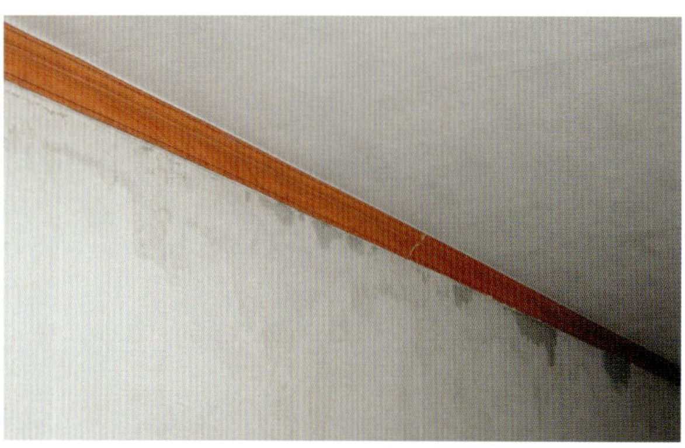

【단열의 미비로 결로 발생】

【스틸하우스 외단열시 공기층의 확보는 필수】

【슈퍼온도리의 밀착시공으로 곰팡이 발생】

【슈퍼온도리 설치시 공기층 확보는 반드시 전제되어야】

F. 스틸하우스 방수 시스템

34. 화장실 바닥체의 콘크리트 단차설계 시스템

스틸하우스나 목조주택의 취약점이 바로 화장실의 바닥 방수라는 점은 의심의 여지가 없다. 스틸하우스, 스틸빌라는 화장실의 누수를 원천적으로 봉쇄할 수 있는 방법으로 화장실의 콘크리트 단차설계 시스템 공법이 적용되었다.

현재 스틸하우스의 모든 현장에서는 화장실의 월 위에 240조이스트 박스빔을 바로 설치하는데 이는 화장실의 누수를 전혀 고려하지 못한 디테일이다.

화장실의 누수를 원천봉쇄하는 방법은 애석하게도 습식공법을 빌려와서 그 해결책을 찾는 것이 현재의 기술력으로선 가장 최선의 방식이다.

35. 화장실의 방수 시스템

스틸하우스와 같은 건식 공법에 있어서 화장실의 방수는 주택성능을 좌우하는 결정적인 요소이다.

방수의 종류에는 고무화방수나 액체방수 그리고 케미칼방수 등이 있으나 이 모든 방수 공법도 결국 시간이 지나면 방수층이 깨진다는 걸 명심하여야 한다. 그러므로 화장실이나 다용도실 특히 발코니 등은 콘크리트박스화 작업이 선행되어야 한다. 이를 바탕으로 고무시트 방수와 모르타르 방수, 그 위에 우레탄 방수와 같은 탄성도막 방수가 2중 3중으로 진행되어야 한다. 문제는 이 모든 방수 공법이 총 동원되더라도 결국 방수층은 깨지게 될 확률이 크다는 것에 있다.

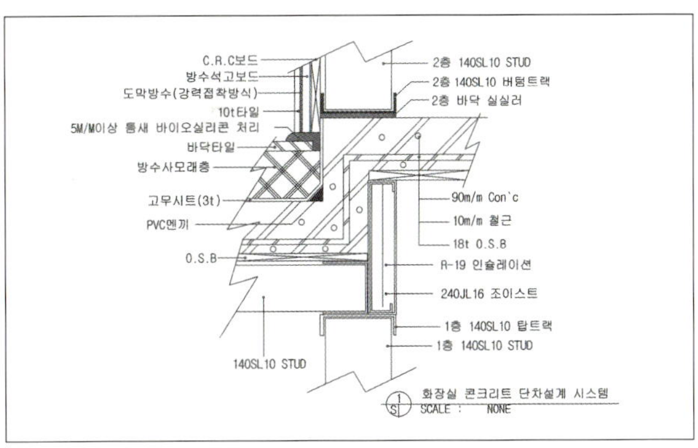

【 화장실의 기초를 콘크리트박스 단차설계 시스템으로 제작 】

【 화장실과 다용도실의 최상의 방수는 화장실 바닥의 콘크리트 단차설계 시스템이 적용되어야 한다 】

사진처럼 140mm박스빔 대신 50mm 조이스트 박스빔을 설치하고 나머지 90mm 부분을 콘크리트로 타설 하여 화장실 바닥이 하나의 콘크리트박스처럼 구성하였다.

그러므로 이 모든 방수층이 깨졌을 때 원천적으로 누수를 잡을 수 있는 화장실 바닥의 콘크리트 단차설계 시스템공정은 필히 적용되어야 한다.

36. 스틸하우스 화장실의 U.B.R(Unit Bath Room) 시스템의 도입

스틸하우스 화장실에 U.B.R 시스템이 도입되면 관리부문에 있어서 1개의 작업으로 전 공정이 마감되므로 통제가 용이하고 고품질의 시공을 기대할 수 있다. 또한 1개의 업체가 관리하므로 관리가 효율적이고 단순하며 자체손실이 없으며 최종 완성품(욕실)을 인수하므로 관리상의 장점 증대되고 현장 운반용 장비 사용 등이 단순하다.

특히 UBR 시스템은 현장에서 부품이나 부자재의 가공이 없고, 습식공사에 비해 15~18일의 시공기간이 단축되며, 동절기 공사가 가능하므로 전천후 시공이 가능하고 습식공법의 화장실시스템은 협소한 공간에서 방수, 미장, 배관, 위생, 목수, 전기 등의 많은 인원이 작업하므로 공정의 조정이 난이하나, UBR은 한공정의 인원만으로 시공하므로 작업 공정의 조정이 용이하다.

【 스틸하우스에 도입이 권장되는 UBR 시스템 】

품질 부문에 있어서도 표준화된 공장생산품으로 품질의 균일성 유지되고 시스템 자체가 원천 방수시스템이 적용되므로 별도의 방수공사가 필요 없고 보온력 및 내부식성 우수내수성 및 내오염성 우수하다. 또한 인체공학적인 Compact한 디자인으로 구성되어 효율적인 욕실공간 활용이 가능하다. 그리고 일관된 현장조립 시공으로 고품질의 시공 가능하다.

경제성의 부문에 있어서도 타 공정에 미치는 영향이 적어 공기 단축이 가능하고 현장 쓰레기 발생은 포장재일 정도로 쾌적한 환경이 조성되어 작업능률이 향상되고 하자에 대한 책임한계가 명확하고 제조회사 A/S조직에 의한 신속한 처리가 스틸하우스의 주거성능의 향상으로 나타난다.

37. 다용도실의 방수 시스템

스틸하우스와 같은 건식 공법에 있어서 다용도실의 방수는 화장실과 마찬가지로 주택성능을 좌우하는 결정적인 요소이다.

화장실에서의 방수 작업과 동일하게 적용한다. 물론 콘크리트박스화 작업은 기본이 되어야한다.

38. 발코니의 방수 시스템

스틸하우스와 같은 건식 공법에 있어서 발코니의 부실방공사는 시공사를 끝끝내 괴롭히는 유령으로 되살아난다.

스틸하우스나 목조주택의 경우 발코니나, 데크 등은 캔틸레버 방식이 아닌 목구조의 독립 방식으로 진행하는 것이 원천적인 발코니, 데크 방수의 해결 방법이다.

부득이 캔틸레버 방식으로 조이스트를 밖으로 빼내어 발코니나 데크를 설치하였다면 화장실 방수와 마찬가지 방법으로 발코니 바닥의 콘크리트 단차설계 시스템을 선행하고 영하 30° 에서도 깨지지 않는 윈터가드(써튼티드社) 등으로 1차 방수하고 그 위에 모르타르방수, 액체방수, 탄성도막 방수 등으로 마감한다.

문제는 이 모든 방수 공법이 총 동원되더라도 결국 방수층은 깨지게 될 확률이 크다. 그러므로 발코니는 본체에서 분리하여 독립적으로 시공하는 지혜가 필요하다.

【스틸하우스발코니의 최상의 방수는 발코니나 데크를 처음부터 독립적으로 시공하는 것이다】

I. 스틸하우스 지붕공사

39. 지붕재용 O.S.B 합판의 사용

O.S.B 합판의 A.P.A 마크에는 노출등급(EXPOSURE1, EXPOSURE2, EXPOSURE3), 스터드 간격(16인치/21인치), O.S.B의 사용처(바닥용, 지붕재용, 벽체용, 인테리어용)가 표시되어 있으므로 지붕공사 시에는 여기에 적합한 지붕용 O.S.B 합판을 붙이는데 지붕용 O.S.B 합판은 2-3회 정도 비를 맞춰도 합판 강도를 유지하는 노출등급 1등급(EXPOSURE1)의 지붕재용을 사용하여야 한다. 시중에 간혹 내부용 O.S.B를 지붕재로 사용하는 경우가 있는데 이는 스틸하우스 지붕구조체의 구조적 불안정성과 내구성에 심각한 악영향을 초래할 수도 있다.

【A.P.A 마크의 정품 O.S.B합판】

40. 지붕재용 O.S.B 클립의 사용

스틸하우스 지붕공사시 적합한 O.S.B의 사용과 아울러 O.S.B클립의 사용 원칙을 반드시 준수한다. 정품 A.P.A 마크의 O.S.B합판도 그 수축, 팽창율이 2-3mm에 이르는데 이때 O.S.B에 틈을 주지 않고 붙이면 시간이 흘러 지붕과 벽체가 이음매 부분에서 들떠 오르는 현상이 발생한다. 바로 이러한 O.S.B합판의 레프팅 현상을 방지하기 위하여 O.S.B클립이 사용되는데 합판과 합판 사이에 O.S.B클립을 끼워넣어 인위적으로 일정한 2-3mm 간격을 확보하는 것이다.

한 가지 유의 사항은 정품 A.P.A 마크의 O.S.B합판이 아닌 경우는 합판의 수축팽창율이 5mm를 초과하므로 이러한 O.S.B클립의 사용도 무용지물이 된다. 이 경우는 인위적으로 5mm의 틈을 주어 합판을 붙인다. 한편 O.S.B클립의 사용은 지붕구조체의 안정성에도 크나큰 이득을 주는데 O.S.B와

O.S.B 사이에 끼워진 클립이 지붕재 공사시 합판의 꿀렁거림을 방지하여 지붕방수시트층의 파손을 방지하는 역할을 한다. 특히 겨울철 방수 고무시트를 설치하는 경우 이러한 O.S.B클립의 설치는 절대적이다.

【 O.S.B의 수축,팽창에 대비한 O.S.B클립 】

41. 지붕 물막이 후레싱의 설치

스탈하우스는 그 자체 설계의 유연성으로 화려하고 개성 있는 지붕선을 창조할 수 있다. 그러나 화려함에는 반드시 독이 있는 법. 복잡한 지붕라인 일수록 지붕 누수의 확률은 그에 비례상승한다. '건축은 물과의 전쟁이다' 물과의 전쟁에서 건식공법인 스틸하우스가 맞닥뜨리는 최전선이 바로 지붕시스템이다. 아무리 아름답고 화려한 집일지라도 지붕에서 비가 샌다면 그 집의 가치는 없을 것이다. 보통 스틸하우스 지붕구조체는 O.S.B합판 + 고무시트 혹은 루퍼스셀렉트로 구성되는데 벽체와 지붕이 만나는 지점과 지붕과 지붕이 만나는 계곡(VALLEY)부분의 처리가 지붕방수의 핵심키워드다. 이 지점을 어떻게 방수처리 할 것인가? 거의 대개 현장에서 고무시트를 이중 삼중으로 설치하는데 고무시트는 영하15도 이하에서는 경화 현상이 발생하므로 고무시트가 깨질 수 있음에 유의하여야 한다. 만약 고무시트가 깨진다면 실로 난감한 문제이

【 벽체와 지붕이 만나는 지점에 물막이 후레싱을 설치 】

다. 그러므로 이러한 부분은 원천적인 누수시스템을 도입하여야 한다. 그 방법이 바로 물막이 프레싱 공법이다. 고무시트로 밸리 부분을 감싸기 전 600폭의 알미늄 코일을 접어 지붕과 벽체의 만나는 면, 지붕과 지붕이 만나는 밸리 부분을 실리콘으로 미리 코킹한 후 물막이 알미늄프레싱을 설치하는 방법이다. 물막이 프레싱 공법은 캐나다, 미국, 호주 등에서는 일상화되어 있는 지붕방수공법으로 스틸하우스 현장에서 반드시 채택되어야할 표준시공으로 자리 잡아야 할 것이다.

【 루프밸리에는 물막이 프레싱을 설치 】

【 물막이후 프레싱 공사후 윈터가드 설치 】

42. 최첨단 방수시트 윈터가드의 설치

물막이 프레싱이 원천적인 지붕 누수방지 시스템이라면 윈터가드는 일차적인 지붕누수방지 시스템이라 할 수 있다.

앞에서도 지적하였지만 일반 고무시트는 영하 15도 이하에서는 경화 현상으로 인해 고무시트가 깨지는 현상이 발생한다. 특히 추녀 부분은 동절기에 아이스댐 현상(추녀 부분의 온도가 천정 부분보다 상대적으로 낮아 눈이 녹지 않고 쌓여있는 현상)이 발생하는데 이는 일반고무시트의 방수층을 파괴시키게된다. 그러므로 아이스댐 현상이 발생하는 추녀부분이나 눈이 많이 쌓이는 밸리 부분은 영하 30도에도 경화 현상이 없는 특수고무시트인 윈터가드를 사용하여 일차방수층을 보호하여야 할 것이다.

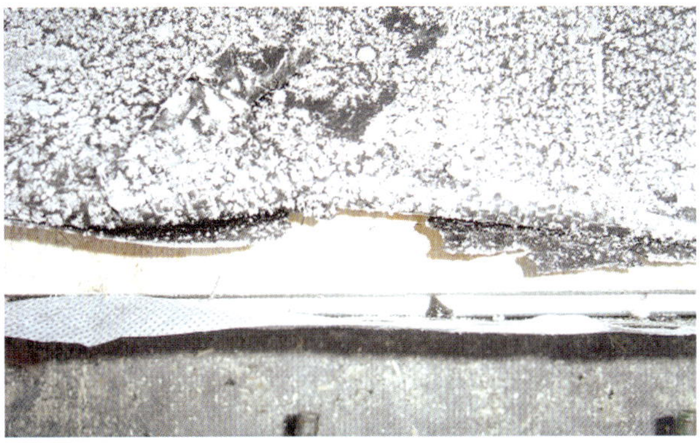

【 동절기 경화 현상에 의한 일반고무시트의 파손 】

43. 고무시트, 물막이 프레싱 그리고 타이벡

현장에서 고무시트와 타이벡의 설치 순서가 뒤바뀌는 경우가 심심찮게 발견되곤 하는데 그 설치 순서가 정확해야 지붕방수 시스템이 완성되는 것이다. 그렇다면 이들의 올바른 설치 순서는 어떠한가? 먼저 밸리부분에는 실리콘으로 합판 틈 사이를 코킹하고 그 위에 물막이 알루미늄 프레싱을 설치한다. 이때 프레싱의 끝단에도 실리콘을 코킹한다.

알루미늄 프레싱 위에 일반고무시트를 설치하고 그 위에 다시 윈터가드를 설치한다. 윈터가드 위 벽체에서 내려오는 타이벡을 지붕선까지 내려서 설치한다. 이때 순서가 뒤바뀌어 벽체 타이백을 먼저 설치하는 경우가 비일비재한데 이는 명약이 무용지물이라 백의 백 지붕누수 현상을 초래하므로 절대적으로 유의하여야 할 것이다.

【 올바른 물막이후레싱,고무시트 타이벡의 시공 순서 】

지붕이 아름다운 스틸하우스는 지붕공사시 많은 인원이 투입되고 많은 자재가 들어 갈 수 밖에 없다.

현장의 엔지니어든, 건축주이든 이 점을 서로 공유하고 표준의 스틸하우스 지붕공사가 이루어지기를 기대해본다.

J. 스틸하우스 외장공사

외장공사의 핵심은 어느 자재를 선택했느냐가 아니라 그 자재를 어떻게 시공했느냐에 달려있다. 값비싼 적삼목 사이딩을 사용하고서도 판자집처럼 보이는 이유는 관리에도 문제가 있겠으나 시공시 지켜야 할 원칙을 무시한 결과물 들일 것이다. 필자는 여기서 외장재의 소재의 측면 보다는 스틸하우스 외장공사 시 공통적으로 고려되어야할 기술적인 요소를 중심으로 논의를 진행하고자한다.

44. 스틸하우스의 화려한 외출 (건식 스마트브릭)

스틸하우스 도입 초기의 외장재는 주로 드라이비트, 비닐사이딩, 우드사이딩, 시멘트사이딩 등이 주종을 이루었다.

【 3-15mm 간격의 스틸레일 설치 】

【 스틸빌라에에 적용된 스마트브릭 】

【 스마트브릭을 완성시키는 줄눈색상 조합 】

이러한 스틸하우스 외장재에 화려하고 다양한 외장재의 첫 적용이 시도되었는데 그것이 바로 스틸하우스의 화려한 외출인 스마트브릭의 도입이다. 호주나 일본의 경우 목조주택과 스틸하우스의 외장재는 사이딩이 아니라 스마트브릭 계열이다. 이는 고급주택으로서 스틸하우스의 품격을 높이고 스틸하우스의 다양한 디자인을 가능케 하였다. 스마트브릭의 시공시 유의할 점은 줄눈의 간격을 13-15mm로 유지하여야 한다는 점이다. 이를 위해 스틸레일 간격을 수평, 수직 상태로 처음부터 13-15mm로 확보하여야만 한다. 스마트브릭과 우드몰딩재가 만나는 부분은 우드몰딩의 팽창에 대비하여 반드시 13mm 이상의 틈을 주어 줄눈 색상과 같은 계열의 실리콘으로 코킹 처리한다. 스마트브릭은 사이딩 계열과도 잘 어울리는 소재로서 어느 한 가지를 포인트로 하여 투톤의 외장재로 사용할 수 있을 것이다. 스마트브릭의 색상은 스마트브릭 색상 그 자체에 있는 것이 아니라 줄눈 색상과의 조화에 있으므로 줄눈의 색상을 현장에서 인위적으로 배합할 수 있는 기술을 지녀야 한다. 값 비싼 스마트브릭이 줄눈 색상 선택의 잘못으로 빛을 바래는 경우가 심심찮게 발견되곤 한다.

45. 중후하고 웅장한 스톤 계열의 외장재

스틸하우스에 있어서 화강석이나 인조대리석, 시멘트복합패널등 스톤류 계열의 외장재 시공은 목조주택은 도저히 흉내낼 수 없는 스틸하우스 만의 장점이 특화된 외장재 영역이다. 스틸하우스의 스톤류 시공은 기본적으로 스틸하우스의 벽체 구조가 외장재 부착을 위한 구조체로 곧바로 적용될 수 있기에 가능한 것이다. 실제 RC조의 트러스 건식공법에 사용되는 모든 부속자재가 동일하게 사용되며 그 방식 역시 동일하게 적용된다.

【 대리석으로 마감된 스틸빌라 】

그간 스틸하우스의 외장재 선택이 사이딩 계열에 머물러 있었으나 이러한 스톤류를 사용함으로써 스틸하우스 디자인에 일대 혁신을 이룰 수 있는 전기가 마련되었다고 생각된다.

46. 클라식한 분위기를 연출하는 우드 사이딩

적삼목 사이딩을 비롯한 우드사이딩은 그 수분 함수율이 13%에 이르는 것이 표준시공의 첫 걸음이다. 대개 수입 우드사이딩의 수분함수율18% 정도이니 현장에서는 우드사이딩을 통풍이 잘되는 그늘에서 한 달간 사전에 미리 건조시키는 것이 필요하다. 이때 우드사이딩을 직사광선에 바로 노출 시키는 것은 우드사이딩이 터지거나 갈라지는 요인이 되므로 주의하여야 한다. 우드사이딩을 벽체에 고정시키는 방법은 네일링과 타카 시공 두 가지가 있는데 타카 시공은 우드사이딩이 파손되거나 타카핀 자체의 내구성이 보장되지 않으므로 가능한 피하는 것이 좋다. 네일링 시공시에는 네일링 자리에 사전에 드릴로서 네일링 홀을 천공하여 사이딩을 시공하거나 우드사이딩 전용 네일을 사용하면 사이딩이 깨지는 것을 방지할 수 있다. 우드사이딩과 사이딩이 접합되는 부위는 25mm 이상을 유지하고 두 접합 부위가 뜬다고 해서 타카로 고정시키는 행위는 삼가는 것이 좋다.

【 우드 사이딩의 네일링 자리에 드릴로 미리 천공 】

【 우드사이딩으로 포인트 처리한 스틸하우스 】

이는 20mm 두께의 사이딩 상단과 3mm 이하의 사이딩 하단의 수축팽창율의 상이함으로 오히려 사이딩이 깨지는 결과를 초래할 수 있기 때문이다. 그리고 충분히 건조되지 않은 우드사이딩과 우드몰딩재 사이는 서로 밀착시키는 것이 유리하다. 이는 시간이 지나면 우드사이딩이 수축하기 때문이다.

47. 내구성이 강한 시멘트 사이딩

적삼목 사이딩을 비롯한 우드사이딩은 자체의 수축팽창율로 인해 관리가 잘못될 경우 터지거나 뒤틀릴 위험이 크며 1년에 한 차례씩 오일스테인 칠을 해주어야 한다. 이러한 우드사이딩의 관리의 어려움에서 나온 외장재가 바로 화이바글라스 소재를 이용한 시멘트사이딩이다. 시멘트사이딩의 팽창계수는 우드사이딩의 1/5 정도이며 상대적으로 습기에 강하다. 이러한 내구성과 편리성으로 스틸하우스 외장재의 50% 이상을 차지한다. 시멘트사이딩 역시 그 표준시공방법의 준수가 중요하다. 우드사이딩과 마찬가지로 시멘트사이딩의 시공시 타카의 사용은 가급적 삼가는 것이 좋다. 이는 타카 핀이 외부에서 녹이 쓴다는 점 이외에도 시멘트사이딩의 미세한 수축팽창에 시강이 흐르면 사이딩이 타카핀에서 분리될 수 있기 때문이다.

【 시멘트사이딩의 고정은 스크루드라이빙 혹은 네일링이 유리 】

시멘트사이딩의 고정은 아래 사진에서와 같이 스크루드라이빙 하거나 네일링하는 것이 유리하다. 간혹 화이바글라스 소재가 덜 들어간 수입품이 현장에서 유통되는 경우가 있는데 이 경우 시멘트사이딩은 물을 먹게 되고 심한 경우 곰팡이가 피는 부식 현상이 나타난다. 청결한 현장 유지를 위해서는 시멘트사이딩의 컷팅시 사이딩전용 전동컷팅기를 사용하여 분진발생을 최소화한다.

48. 스탠다드한 비닐사이딩 공사

우드사이딩과 시멘트사이딩은 일년이던 이년이던지 반드시 사후 관리가 필요하다는 단점이 있다. 그래서 개발된 소재가 바로 사후 관리가 용이한 비닐사이딩이다. 비닐사이딩은 상대적으로 가벼워보이는 단점이 존재한다.

그러므로 우드사이딩이나 스마트브릭 등의 포인트를 두어 그 단조로움을 피하는 것이 지혜가 필요하다. 비닐사이딩의 시공시 가장 염두에 둬야할 원칙은 절대로 네일이나 스크루를 벽체에서 3~4mm 정도 띄워야 한다는 점이다.

간혹 사이딩 머리 부분을 네일로 벽체에 아예 밀착시키는 경우가 있는데 이는 바로 부실로 이어진다. 비닐사이딩의 팽창계수는 무려 20~30mm에 이르는 데 비닐사이딩이 자연스럽게 팽창할 수있는 공간을 확보하지 않으면 사이딩이 울퉁불퉁 튀어오르게 된다.

비닐사이딩 시공시 알미늄 스타트와는 별도로 알루미늄 물끊기프레싱을 하단에 설치하도록 한다.

【 시멘트사이딩으로 마감된 스틸팬션 】

【 투톤 외장재로 비닐사이딩의 단조로움 극복 】

49. 벽체하단 물끊기 프레싱의 설치

스마트브릭, 비닐사이딩, 우드사이딩, 시멘트사이딩 등 모든 외장재의 설치시 벽체 하단에 반드시 물끊기 프레싱을 설치한다. 벽체하단의 방수에 필수 시공과정이다.

【비닐사이딩 시공시 하단에 알미늄 물끊기 설치】

50. 깔끔한 외장을 위한 마운틴 블럭의 설치

스틸하우스의 외벽에 전기콘센트나 외등, 수도파이프, 계량기, 하우스 넘버판 등을 부착시킬 때는 사이딩 위에 바로 부착시키면 주택의 외관을 크게 손상시킬 뿐 아니라 누수의 위험성이 뒤따르며 특히 전기 시설물의 경우에는 누전의 위험성에 노출되므로 주의하여야 한다.

스틸하우스에서는 이를 방지하기 위해 외벽전용 마운틴 블럭을 설치하여야 한다. 마운틴 블럭을 잘 사용한 주택은 외관미나 주택의 품질에서 월등이 앞서 간다고 평가할 수 있겠다.

【마운틴블럭의 사용은 깔끔한 주택의 외관미 보장】

K. 스틸하우스의 내장(인테리어) 시스템

51. 인테리어 공사의 출발점은 규칙 있는 직선과 곡선의 앙상블

인테리어 공사에 이용되는 직선과 곡선은 일반인이 해석하기에는 언뜻 그 아무런 규칙성도 없어 보인다. 이는 스틸하우스 빌더들에게 있어서도 마찬가지인데 인테리어 공사의 핵심 포인트는 이러한 불규칙한 직선과 곡선의 배치에서 그 규칙성을 찾아 내어 시공하는 것이다. 우선 제 아무리 직선과 곡선이 복잡하다 하더라도 "건축이란 수직 수평 대각의 아름다운 하모니다."라는 원칙은 인테리어 공사 시에도 모든 과정을 관철하는 제1의 원칙임을 잊어서는 안 될 것이다. 일테면 제 아무리 값비싼 원목몰딩을 쓰더라도 문선몰딩이나 천정몰딩 공사 시 수직 수평 대각이 맞지 않아 마감 선에 시각적 피로감을 준다면 이는 결국 실패한 인테리어 공사로 귀결된다. 인테리어 공사시 수직 수평이 맞지 않으면 시각적으로 피곤하다는 1차적인 현상을 넘어서 온돌마루, 타일 등 모든 마감자재의 마감 선에 절대 혼란을 초래하며 쇼파 등 인테리어 소품과의 언밸런스가 증대한다는 데 그 심각성이 있다. 그러므로 인테리어 공사시 레이져 레벨기의 사용 등으로 수직, 수평을 2차, 3차 확인하고 최종적으로 대각을 확인하는 습관을 지녀야 한다. 곡선이 많이 쓰이는 천정 인테리어에도 규칙성 있는 곡선을 직선과 조화시켜야 한다.

【인테리어 공사의 핵심은 규칙 있는 직선과 곡선의 앙상블을 찾아내는 절대 감각이다】

너무 많은 불규칙한 곡선의 사용은 소비자에게 해석의 어려움을 가중시키고 정신적 피로감을 증대시킨다. 그러므로 현장의 빌더들은 인테리어 공사시 언뜻 불규칙해 보이는 직선과 곡선의 배치에서 그 규칙성이 무엇인지를 읽어 내고 그 규칙성을 관통시키는 원칙을 지켜야만 할 것이다.

인테리어 공사의 핵심은 이태리제 대리석을 쓰느냐 원목몰딩을 쓰느냐는 소재의 문제 이전에 그 소재의 시공에 있어서 규칙 있는 직선과 곡선의 앙상블을 이루어내는 절대 감각에 있는 것이다.

52. 스터드와 트랙 접합 부위 스크루 두께 편차 최소화 방법

스틸하우스는 구조적으로 개구부 바텀트랙과 실트랙 접합 부위가 스크루 두께를 포함하여 3~4mm 돌출된다. 이는 구조적 안정성을 극대화하다 보니 뒤따르는 부득이한 현상인데 현장의 빌더는 인테리어 공사시 이 점을 백분 이해하고 개구부 모서리 부분 돌출 정도를 최소화하기 위한 방안을 숙지하고 있어야 한다. 우선 철골 공사시부터 개구부 모서리부분 스크루는 최대한 직각으로 체결하여 스크루를 실트랙에 밀착시키고 구조적 안전성에 영향을 주지 않는 선에서 개구부 모서리 주위의 스크루를 해머로 1~2mm 정도 들어가도록 한다. 만약 이 과정을 놓쳐 석고보드 까지 시공되었더라도 포기해서는 아니 된다.

문선몰딩 시공 시 개구부 모서리부분을 제외하고 나머지 부분에 두께 3~4mm 정도의 스폰지 테이프를 문선몰딩 폭만큼 적당한 크기로 잘라 접착시킨다. 이러한 공정을 거친 후 문선몰딩을 부착시키면 전체 개구부 두께가 거의 일정하게 유지될 것이다. 천정 몰딩의 시공에도 이러한 방법은 통용될 수 있겠다.

【스크루 두께 조절에 실패한 모습】

탑트랙과 스터드의 접합 부위는 610mm 간격으로 3~4mm경씩 돌출되는 것이 스틸하우스 골조의 자연스러운 현상이다. 이 경우 천정몰딩과 벽체의 사이의 틈새는 도배 마감이라면 수성실리콘으로 그 틈을 반드시 메꿔주는 지혜가 필요하다. 만약 그 마감이 페인팅이라면 천정몰딩과 걸레받이 부위의 틈새는 물론이고 위 아래 100mm 까지는 석고퍼티로서 메꿈 작업을 실행하여야 한다. 필자의 경우 스틸빌라 시공시 복도의 돌걸레받이 마감시 바텀트랙과 스터드의 스크루 돌출로 돌걸레받이가 610mm 간격으로 4~5mm 울퉁불퉁 돌출되는 경험을 하였는데 타일 마감을 고려하여 석고퍼티로 바텀트랙에서 300mm 윗선까지 석고퍼티로 평활도를 맞추고서야 깔끔한 마감 선을 유지 할 수 있었다. '마감을 고려한 골조시공'이라는 말은 바로 이 지점에서 피부로 생생히 느낄 수 있는 원칙으로 적용될 수 있으리라.

53. 비올 때 인테리어 공사의 지양

일반적으로 비가 오면 실내 공사를 할 수 있는 것으로 알고 있다. 그러나 이에 따른 피해가 무엇인지 현장의 빌더들은 명심하고 이의 극복 대안을 제시하여야 할 것이다. 인테리어 자재는 주로 M.D.F와 각재 혹은 원목으로 구성되는데 이러한 자재들은 습기와의 천적의 관계에 있다. 특히 몰딩류는 M.D.F가 그 원 소재인데 습기가 많은 날 몰딩을 시공하면 몰딩이 2~3mm 팽창되어 있는 상태에서는 시공하는 격이 되므로 시공 후 며칠 내에 몰딩이 줄어드는 낭패를 경험하게 될 것이다. 이는 몰딩만이 아니라 서까래나 장식장 등 M.D.F로 시공되는 모든 인테리어에서 발견되는 공통된 현상이다. 그렇다면 이를 방지하기 위한 방법은 무엇일까? 물론 비가 오지 않는 맑은날 인테리어 공사를 수행하는 것이다. 하지만 부득이하게 우기에 인테리어 공사를 해야한다면 다음 원칙은 반드시 숙지하여야 할 것이다. 우선 M.D.F와 몰딩류의 자재 보관방법인데 적정한 실내온도가 유지되는 건조한 방에 자재들을 보관하여 한다. 둘째 먼지나 오염물질을 차단키 위해 비닐 등으로 M.D.F자재를 덮는다. 그리고 시공시에는 보일러와 제습기를 가동해 최대한 습기를 제거하는 환경을 마련해 준다. 몰딩 시공시에는 목공본드를 이음매만이 아니고 벽체와 만나는 모든 부분에 본딩하여야 한다. 몰딩 컷팅시 직각으로 컷팅하는 것이 아니고 최대한 각을 주어 컷팅하는 습관을 지녀야 한다. 수축팽창에 덜 민감한 집성목 각재를 사용하도록 한다.

54. 스틸하우스에 있어 무늬목공사

인테리어공사의 최정점은 무늬목공사에 있다 해도 과언은 아닐 것이다. M.D.F 공사가 맨 몸이라면 무늬목은 아름다운 드레스를 걸치는 화려한 외출의 과정이다. 그런데 그 드레스에 김칫국물이 튀어있다면... 김칫국물 튄 드레스가 되지 않기 위한 무늬목 공사를 위해 현장의 빌더들이 숙지해야할 무늬목공사시 유의해야할 사항을 점검해보고자 한다. 무늬목은 그 보관 상태에 그 생명이 좌유되는데 먼지가 없는 통풍이 잘 되는 그늘진 곳에 길게 펼쳐서 보관해 두어야 하며 항상 그 촉촉함이 유지되도록 수분을 공급해 준다. 특히 먼지의 경우 현장에서 가장 많은 오류가 발생되는 부분인데 먼지 묻은 무늬목을 그대로 시공하게 되면 시간이 흐르면 서서히 검은색으로 먼지가 베어나오게 된다. 물론 이는 M.D.F에 먼지가 묻은 경우도 마찬가지이다. 그러므로 무늬목 시공시에는 주변의 먼지등 오염물질을 철저히 제거한 후 최상의 청결함이 유지된 속에서 시공이 이루어지도록 한다. 그렇다면 스틸하우스에서 무늬목공사의 최적의 시기는 언제일까? 미장공사가 완료되고 바닥이 완전히 마른 상태에서 실행하는 것이 유리하다. 왜냐하면 미장공사전에 수행하면 M.D.F 포스트 등은 미장공사시 습기에 쉽게 노출되고 또한 제 아무리 보양작업을 잘 한다하더라도 미장시멘트의 오염물질에 쉽게 노출되기 때문이다. 무늬목의 질은 그 두께에 따라서 결정되는데 그 두께가 얇으면 무늬목이 갈라지고 터지게 되므로 최대한 두꺼운 무늬목으로 시공하도록 한다. 만약 터진 무늬목의 경우는 그 위에 본딩하여 2차, 3차로 덧씌워 주도록 한다. 이 점이 귀찮다면 무늬목이 이중으로 제작되어 나온 배접무늬목을 사용하도록 한다. 무늬목은 목공용 본드로 본딩하여 M.D.F에 접착하는데 이때 M.D.F는 먼지가 묻지 않은 최상의 상태를 유지하고 본딩은 M.D.F 전체에 골고루 도포하여 준다. 무늬목이 어느 정도 접착된 후에는 다림질을 하는데 이 다림질에 따라 무늬목 접착 상태가 결정되므로 적당한 온도에 무늬목 곳곳을 2~3차례 다림질하도록 한다. 대개의 현장에서는 무늬목 시공 후도장공사시에나 무늬목에 락카칠을 하는데 이는 대단히 위험한 일이다. 그 사이에 건축 먼지 등의 오염물질이 무늬목에 달라붙게 되고 이는 백이면 백 무늬목 오염으로 전이되기 때문이다. 그러므로 무늬목 공사 수행 후 도장공사는 반드시 하루 경과 후 무늬목에 샌딩실러를 도포하고 2회 사포질 후 다시 락카로 도포하여야 한다.

그리고 무늬목 도장공사시 반드시 지켜주어야 할 원칙 하나. 비가 온다거나 습기가 많은 날에는 절대로 무늬목 도장공사를 해서는 아니 된다는 사실이다. 습기가 많은 날 무늬목에 락카 칠을 하면 이후에 희뿌옇게 무늬목이 변하게 된다.

【무늬목 시공 시 오염 물질을 철저히 제거 한 후 최상의 청결함이 유지된 속에서 시공】

55. 스틸하우스 실내 도장공사시 유의 사항

스틸하우스에 있어 실내 도장공사시 유의 사항은 다음과 같다. 우선은 스틸하우스 벽체의 편평도를 제로로 만들라는 것이다. 앞에서도 말한바 스틸하우스는 구조적으로 트랙과 스터드의 접합부위가 스크루 두께 만큼 돌출되게 되어 있다. 여기에 트랙의 두께에다 스크루 접합 방법의 편차 까지 합하면 4~5mm 정도가 돌출된다. 쉽게 말해 610mm 간격마다 4~5mm 두께로 춤추듯 출렁이고 있는 것이다. 바로 이 부분의 편평도를 제로로 맞추는 사전 정지작업이 필요하다. 이를 위해 스틸하우스 도장공사시 벽체의 상하단 300mm 선까지의 올석고퍼티 공정이 반드시 수행되어야 한다.

스틸하우스는 대개의 경우 실내 쉬딩재로 석고보드가 사용되는데 석고보드와 석고보드 이음매는 석고페이퍼로 퍼티처리하고 모서리 부분은 모서리 코너비드로 반드시 퍼티처리 하여야 한다. 이 과정을 소홀히 하면 일년도 채 지나기 전에 석고보드 도장이 갈라지거나 깨지게 된다. 비오는 날이나 습기가 많은 날은 가급적 피해서 맑은날 도장공사를 실행한다. 습기가 많은날 도장공사를 하게 되면 백화현상의 발생으로 도장이 들고 일어나기 때문이다.

56. 숨 쉬는 스틸하우스를 완성하는 도배공사

스틸하우스는 숨 쉬는 구조시스템이다. 실내의 석고보드와 O.S.B합판 중단열층 인슐레이션, 외벽의 O.S.B합판과 타이벡 그리고 숨 쉬는 공기층 외단열층. 이 모든 시스템이 바로 스틸하우스의 쾌적함과 안락함을 유지시켜주는 벽체시스템이다.

【 공간도배공법(일명 후크도배) 적용으로 스틸하우스의 단열성능과 차음성능을 향상 】

이러한 숨 쉬는 벽체시스템을 완성하기 위해 스틸하우스에서는 도배 공사시에도 반드시 지켜야할 원칙이 있다. 우선은 석고보드와 도배지 사이에 공기층을 두는 공간도배공법(일명 후크도배)을 채택한다. 이를 통해 스틸하우스의 단열성능과 차음 성능을 향상시킬 수 있을 뿐 아니라 숨 쉬는 벽체 시스템을 완성에 커다란 역할을 수행할 것이다. 그리고 도배지의 종류는 가능한 이면 숨 쉬는 기능이 원활한 종이벽지(합지도배)류나 고가이기는 하나 화학 처리되지 않은 천연벽지의 사용을 권장한다. 최근 시중에서는 기존의 실크벽지를 코팅처리하지 않은 상태로도 공장주문이 가능하다고 하는데 이의 사용도 적극 추천한다. 물론 이들은 코팅처리가 되지 않아 쉽게 더럽혀지는 단점이 존재한다. 그러나 좀 더 쾌적하고 안락한 숨 쉬는 스틸하우스의 완성을 위해서는 이러한 종이류나 천연벽지의 사용이 적극 추천되어야 할 것이다. 한편 스틸하우스 도배공사의 미적 완성을 위해서는 타카 핀과의 힘겨운 싸움에서 승리하여야 한다. 석고보드공사시 타카핀 자국이 곳곳에 치 솟아 올라있는데 도배공사 전에 이를 제거하도록 한다. 아울러 천정이나 벽체 석고보드 모서리 부분의 텅 빈 공간은 반드시 수용성 실리콘으로 메꿈 작업을 행한다. 이는 스틸하우스의 단열성능과 차음 성능을 배가 시키는 디테일 공정이다. 비 오는 날 도배공사는 절대 금물이다. 이는 습기가 많으면 실크도배지의 본딩이 잘 붙지 않는다는 일차적인 현상만이 아니라 실크벽지 안의 습기가 빠져나오지 못하여 시간이 흐르면 그 안에서 서서히 곰팡이를 피우기 때문이다. 실제 이 현상은 바로 나타나는 것이 아니고 1년 정도 시간이 경과 후 나타나는데 미래를 생각한다면 우기시 도배공사는 절대로 피해야 할 것이다.

57. 스틸하우스와 바닥재공사

스틸하우스에 있어 바닥재공사시 제일의 원칙은 완전건조 상태에서의 바닥재 시공이다. 완전 건조되지 않은 상태에서 바닥재를 시공하게 되면 바닥의 습기가 바닥재에 영향을 주어 PVC계열의 장판이라면 본딩 자리가 들뜨게 되며 미장바닥이 마르면서 그 사이로 바닥의 가스가 올라와 장판이 치 솟아오르는 현상이 발생한다. 강화마루나 합판마루의 경우는 아예 이들이 썩어 들어가는 결과를 초래한다. 그런데 건조되지 않은 상태에서의 바닥재 시공은 이러한 현상 말고도 스틸하우스에 치명적인 손상을 유발시키는데 그것은 바닥의 습기가 O.S.B합판과 석고보드 단 부위에 끝없이 수분을 제공하여 벽체의 하단이 서서히 썩어들어 가는 돌이킬 수 없는 최악의 상황을 유발한다는 것이다. 그러므로 스틸하우스에 있어서 바닥재 시공은 바닥의 완전건조가 전제되어야 하며 이를 위해 자연 상태에서의 건조뿐만 아니라 보일러 가동을 통한 완전 건조를 추천하고자 한다. 아울러 이러한 습식 바닥의 한계를 느낀다면 내구성의 한계가 있긴 하지만 건식 바닥온돌시스템의 도입도 적극 추천될 수 있겠다.

한편 습식온돌이든 건식온돌이든 스틸하우스의 바닥재 시공시 유의해야할 또 하나의 사항은 바닥체의 일정한 평활도 유지이다. 특히 거실창호나 도어 바닥부분에서 편평도가 맞지 않으면 제 아무리 값비싼 바닥재를 깔아놓은들 삐뚤삐뚤한

【 스틸하우스 바닥재 공사 시 제일의 원칙은 완전건조 상태에서의 바닥재 시공 】

바닥상태에 박수쳐줄 사람은 없다. 그러므로 바닥재 시공 전 바닥 수평 상태를 점검하여 수평라인이 맞지 않은 경우는 폴리퍼티 등으로 그 레벨을 일정하게 맞춰주는 사전 정지작업을 잊어서는 안 될 것이다.

58. 스틸하우스와 타일공사

'스틸하우스 수직 수평 대각의 정렬은 타일공사를 통하여 총체화 된다.' 좋은 집이란 어떤 집인가. 최고가의 명품 이태리 대리석으로 치장한 집? 아니면 단열과 차음성능이 뛰어난 집일까, 필자의 경우 후자에 많은 점수를 주는 편이다. 그런데 후자의 경우라 하더라도 그 전제조건은 충족되어야 한다. 그것은 바로 건축물의 수직 수평 대각의 정렬이다. 그렇다면 그 건축물의 수직 수평 대각의 정렬은 어디서 알 수 있을까? 그것은 타일 마감선의 확인에 있다. 현관이나 화장실, 주방의 타일의 수직선과 수평선을 확인해보라! 놀랍게도 그 집의 수직 수평 대각의 정렬을 한 눈으로 확인 가능할 것이다. 어떤 집은 20~30mm 넘어가기도 했으며 또 그 반대로 1mm도 틀림없이 수직이 유지된 집도 있을 것이다. 스틸하우스 타일공사의 핵심은 수직 수평 대각의 정렬에 있다 해도 과언이 아닐 것이다. 10mm 이상 수직라인이 넘어간 건축물은 일치감치 벽체를 다시 세우는게 상책일 것이다. 5~10mm라면 석고퍼티로서 벽체 평활도를 사전에 잡아주면 될 것이고 5mm 이내라면 타일 본드와 타일 줄눈의 조정으로 수직라인을 맞출 수 있을 것이다. "스틸하우스 수직 수평 대각의 정렬은 타일공사를 통하여 총체화 된다."는 사실은 현장의 빌더들은 명심하여야 할 것이다. 스틸하우스의 타일공사시 준수해야 할 또 다른 원칙은 벽체와 바닥 타일줄눈선의 조화에 있다. 벽체타일이 250 × 400각이고 바닥이 200 × 200각 이라면, 벽체타일을 옆으로 뉘워서 400각 한 장에 2장의 바닥 타일이 걸쳐 타일 줄눈선을 맞추면 된다. 그런데 벽체타일이 250 × 400각이고 바닥이 300 × 300각으로 벽체와 바닥의 줄눈선을 도저히 맞출 수 없다면 바다 타일을 방사선형으로 시공하는 노하우가 필요하다. 바닥타일의 줄눈 색상은 회색계열이 적당한데 부득이 백색줄눈을 넣을 시에는 백색줄눈에 시멘트물이 올라오지 않도록 하루 전에 백색줄눈을 바닥에 도포한 후 그 다음날 백색 줄눈을 넣도록 한다. 그리고 타일줄눈은 곰팡이에 강한 항균성 줄눈을 사용하며 모서리 부위는 반드시 항균성실리콘으로 실링처리 한다. 스틸하우스 타일공사시 명심해야 할 또 하나의 원칙은 방수석고보드는 방수가 되지 않는다는 사실의 인지이다. 많은 빌더들이 방수석고보드가 방수가 되는 것으로 잘못 알고 있는데 방수석고보드는 일반석고보드에 겉 표면을 화학처리하여 습기에 강하게 했을 뿐 지속적으로 물기에 노출되는 화장실에서는 무용지물이다. 그러므로 타일공사 전 방수석고보드에 우레탄 방수 등 별도의 벽체방수공사는 필수공정이 되어야 한다. 물론 모서리 부위의 방수처리에는 더 많은 시간과 돈을 투자하여야 할 것이다. 특히 인테리어 효과로 화장실의 벽체를 파내서 수납공간으로 활용하는 경우에는 모서리와 벽면 전체를 완전 방수 처리하여야 한다.

【스틸하우스 수직 수평 대각의 정렬은 타일공사를 통하여 총체화 된다】

【방수석고보드 위 탄성도막방수 시공은 필수】

L. 스틸하우스 윈도우도어 시스템

59. 국산 PVC 이중창의 올바른 인식과 활용

스틸하우스나 목조주택 건축시 잘못 알려진 상식중 하나가 미국식 시스템창호에 대한 과도한 맹신이다. 물론 미국식 시스템창호가 한국의 전원주택문화의 질적 향상에 기여한 점은 크다 할 것이나 그렇다고 해서 미국식 시스템창호를 설치하면 결로수 발생이 아예 없다거나 국산 이중창에 비해 단열성과 차음성이 훨씬 뛰어나다거나 가격대 역시 고가(高價)의 윈도우라는 등의 인식은 미국식시스템에 대한 지나친 맹신을 불러일으킨다.

미국식 시스템창호 못지않게 뛰어난 단열성과 차음성, 그리고 한국의 주거문화에 걸 맞는 환기성 등이 확보되어있는 창호가 바로 국산 PVC 이중창 시스템이다.

【 국산 PVC 이중창호의 적극 활용 】

미국식 시스템창호가 위 아래로 개폐되는 S/H방식이 일반적으로 채택되는 반면 국산이중창은 좌우로 개폐하는 슬라이딩식이 보편적으로 사용되는데 바로 이 지점에서 상하 개폐 방식의 디자인이 많은 건축주들의 마음을 사로 잡고 있으며 전원풍의 디자인을 중시하는 건축주들로서 미국식스스템창호가 매력적으로 비치는 이유가 여기에 있다 할것이다. 미국식 시스템창호는 창호주변에 50mm 상당의 날개가 부착되어 개구부에 날개 부분을 네일링하여 고정하고 그 부분을 이지실 테이프로 밀봉 처리함으로써 창호의 밀폐성을 극대화시켜 단열성과 차음성을 극대화시킨다. 반면 국산 이중창은 안창과 바깥창 사이에 공기층이 형성되어 단열성과 차음성을 극대화 시키고 있으며 안창과 바깥창 모두 5mm 두 장의 페어글라스로 구성하여 태풍 등 풍압에 강한 윈도우시스템을 갖출 수 있으며 겨울철 결로수 발생을 억제시킬 수 있으며 또한 에너지 효율의 상승을 위해 미국식시스템 창호처럼 로우-E글라스를 채택하여 설치할 수도 있겠다. 스틸하우스 윈도우 공사에 있어서 미국식시스템창호냐 국산 PVC 이중창이냐의 이분법적인 접근 보다는 제 각각의 장단점을 잘 파악하여 스틸하우스 윈도우 시스템에 활용하는 유효적절한 창호의 선택이 필요해지는 시점이다.

60. 스틸하우스 윈도우시스템과 LOW-E 글라스 유리 기술의 채택

창호에서 유리는 창호의 가장 넓은 면적이며 채광을 위해 반드시 필요하다. 창호의 단열성능은 창호틀 보다는 유리 기술에 좌우된다 할 것이다. 보통 스틸하우스에 있어서 시스템창호의 전 제품은 22mm와 25mm의 일반 복층유리로 제작되며, 선택에 따라 로이-E 유리, 아르곤가스 주입유리, 로이+아르곤유리, 30mm 3중유리까지 장소와 용도에 따라 선택이 가능하다.

일반 복층 유리는 유리와 유리사이의 건조 공기층으로 단열과 방음 효과가 있다.

로우-E 글라스는 미국 NASA의 우주선 개발의 부산물인 로우-E 유리는 외부의 강한 적외선과 자외선은 반사시키고 가시광선만을 투과시키며 겨울철에는 실내의 난방기구에서 발생된 적외선을 실내로 반사시켜 단열효과를 높여준다.

불활성기체인 아르곤 가스는 복층유리의 외부쪽 유리와 내부쪽 유리의 온도차에서 발생되는 열교환현상을 막아주어 결로현상과 냉 복사 현상을 억제하여 단열효과를 높여주는 역할을 한다. 특히 로이유리와 병행하여 사용하면 단열효과를 극대화시킬 수 있다.

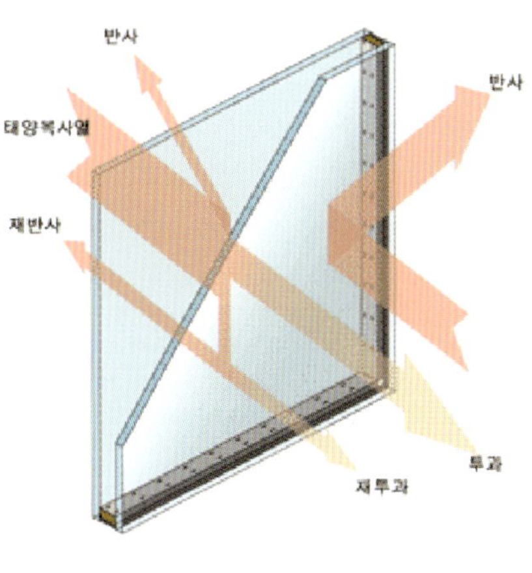

【 로우-E 글라스의 원리 】

61. 스틸하우스 윈도우, 도어 공사의 핵심은 수직, 수평의 정렬이다!!

'건축이란 수직 수평 대각의 아름다운 하모니다.'

이 원칙은 건축의 모든 과정을 관철하는데 특히 윈도우, 도어 공사에서는 절대화되어야 할 명제이다. 윈도우, 도어의 수직 수평이 맞지 않으면 시각적으로 피곤하다는 1차적인 현상을 넘어서 온돌마루, 타일 등 마감자재의 마감선에 절대 혼란을 초래한다는데 그 심각성이 있다. 거실창의 경우 온돌마루의 수평선과 창호의 수평선이 어긋남으로서 최악의 경우 창호를 재시공해야 하는 결과를 초래한다. 베이윈도우 등 주방창의 경우 타일과 주방가구의 수직 수평 마감선과 맞지 않음으로서 또 다른 부실을 야기한다. 윈도우, 도어의 수직, 수평라인의 어긋남은 시각적 측면만이 아니라 기능적 측면에서도 창호나 도어가 저절로 흐르는 등의 심각한 부실을 초래한다. 그러므로 현장의 빌더나 프레이머들은 윈도우, 도어 공사시 수직 수평라인을 무조건 준수하여야만 한다. 이를 위해 먼저 입고된 윈도우, 도어의 가로, 세로, 대각을 우선 확인하고 윈도우, 도어의 설치시 반드시 수평기나 수직추 혹은 레이져레벨기 등으로 수직, 수평을 2차, 3차 확인하고 최종적으로 대각을 확인한다. 일반적으로 1200mm 이상의 창호는 제품 자체에 1-2mm 정도의 대각오차가 존재하는데 윈도우 공사시, 그리고 윈도우, 도어 설치체크리스트에 그 설치 결과를 기입하여 온돌마루, 타일공사 등 후속공정의 연속성을 보장한다. 윈도우, 도어 공사의 핵심은 미국식시스템창호냐 독일식시스템창호냐 국산 S/DTLR 이중창이냐의 선택에 있는 것이 아니고 정확한 수직, 수평, 대각의 정렬과 그 관리 능력에 있는 것이다.

62. 각 창호, 도어의 설치 높이를 체크하라!!!

스틸하우스의 경우 샵드로잉에 윈도우, 도어의 바텀크리플 높이가 표기되어 있으므로 그 높이대로 설치하면 되는 것으로 현장의 많은 빌더들이 생각하고 설치 높이의 체크과정을 간과하는 경우가 많은데 이는 대단히 위험한 모험이다. 왜냐하면 대개의 샵드로잉이 현장의 작업 상황을 정확히 반영하지 못하기 때문인데 윈도우, 도어의 경우 만큼은 꼼꼼히 그 설치 높이를 반드시 재차 체크하여 윈도우, 도어 체크리스트에 기입하는 습관을 길러야만 한다. 이를테면 주방과 다용도실은 바닥재 마감선이 100mm위로 올라온다면 그 설치높이는 싱크대의 선반 마감선을 고려하여 반드시 1100mm 이상이 되어야 한다. 화장실은 사생활 보호의 측면에서 시스템창호 일때는 1400mm 이상 국산 이중창일때는 1600mm 이상 확보하는 것이 올바르다. 안방이나 각 룸은 최소 900mm 이상을 확보한다. 도어시스템에 있어서 도어문턱이 있는 경우는 100mm, 도어문턱이 없는 경우는 바텀크리플을 애초에 설치하지 않는다. 현관 미서기문의 경우는 청소의 편리성과 출입의 자유로움을 위해 미서기 하부 문틀을 바닥재 마감 선에 일치시키는 지혜가 필요하다. 윈도우, 도어의 최종 마감 선을 고려한 철골조의 설치와 윈도우, 도어의 설치는 현장의 빌더들이 반드시 갖추어야할 시공능력이라 할 수 있겠다.

【 표1 _ 윈도우 설치 체크리스트 】

품 명	실 제 규 격	단위	설치전			설치후			비고
			수량	수직	대각	수량	수직	대각	
거실메인 LG이중창	3200×2100 /22mm페어	조	1	1	2	1	2	3	
거실측면 LG이중창	1200×1200 /22mm페어	조	1	1	2	1	2	2	
거실 화장실 LG이중창	1000×500 /22mm페어	조	1	1	2	1	2	2	
안방메인 LG이중창	2200×1200 /22mm페어	조	1	1	2	1	2	2	
안방WC 미국식시스템	903×445 /22mm페어	조	1	1	2	1	2	2	
서재 LG이중창	1200×1200 /22mm페어	조	1	1	2	1	2	2	
보일러실미국식시스템	598×1207 /22mm페어	조	1	1	2	1	2	1	
주방 미국식시스템	1512×1207 /22mm페어	조	1	1	2	1	2	1	
다용도실미국식시스템	1207×1207 /22mm페어	조	1	1	2	1	2	1	
침실1메인 LG이중창	1500×1200 /22mm페어	조	1	1	2	1	2	2	
침실1동쪽 LG이중창	1200×1200 /22mm페어	조	1	1	2	1	2	2	
침실2메인 LG이중창	2000×1200 /22mm페어	조	1	1	2	1	2	2	

【 표2_윈도우, 도어 설치 높이 체크리스트 】

품 명	철골조 바텀(탑)크리플	바닥재 기준 설치 높이
거실메인 LG이중창	1000	900
거실측면 LG이중창	1000	1000
거실 화장실 LG이중창	1600	1600
안방메인 LG이중창	1000	1000
안방WC 미국식시스템	1400	1400
보일러실미국식시스템	1400	1400
주방 미국식시스템	1100	1100
다용도실미국식시스템	1100	1100
안방도어	없음(2200)	없음(2100)
안방 WC도어	100	1000
침실1도어	도어없음(2200)	없음(2100)
침실2도어	도어없음(2200)	없음(2100)
현관 미서기문도어	60	-40

63. 미국식시스템창호 날개의 설치 방법

국산 이중창과 달리 미국식시스템창호는 창호주변에 50mm 상당의 날개가 부착되어 개구부에 날개 부분을 스크류로 고정하고 그 부분을 이지실 테이프로 밀봉 처리함으로써 창호의 밀폐성을 극대화시켜 단열성과 차음성을 극대화시킨다. 이때 주의 할 점은 15000mm 이상 사이즈의 미국식 시스템 창호 날개의 상단엔 스크류드라이 빙해서는 안 된다는 것이다. 이는 조이스트헤더의 처짐 현상 발생으로 창호의 상단을 누르고 급기야 창호의 개폐에 영향을 주기 때문인데 이를 방지하기 위한 창호의 상단 체결 방법은 날개에 네일링하는 것이 아니라 창호 상단의 문틀에 8mm 정도의 홀을 천공하고 그 홀 안의 바깥 창호바에서 탑실 트랙 쪽으로 스크루 드라이빙한다. 이때 사용되는 스크루는 스크루 머리부분 10mm 하단에는 나사산이 없어야하는데 이는 조이스트의 처짐이 발생되더라도 창호 상단이 같이 밀려오는 것을 방지하기 위함이다.

64. 미국식 시스템 창호엔 윈도우-실(Window-Seal)을 설치하라!!!

미국식 시스템창호의 날개를 스크류로 고정한 후에 윈도우-실로 테이핑 처리 하는 과정을 잊어서는 안 된다. 윈도우-실은 창호의 방수성능 완성에 기여할 뿐 아니라 창호의 단열성과 차음성에도 커다란 영향을 미친다.

윈도우-실의 설치 순서는 먼저 창호의 하단을 설치하고 좌우 측면을 설치한다. 그리고 나서 창호 상단 날개 위에 윈도우-실을 설치하는데 이는 완전한 방수기능의 확보를 위해 반드시 지켜져야 할 원칙이다.

【 윈도우-실은 하단-좌우-상부의 순서로 설치 】

65. 미국식시스템창호 개구부의 공간의 균등한 분할

미국식시스템창호의 개구부는 보통 12mm의 오차를 가지고 있다. 문제는 이 오차를 균등하게 분할하지 않고 하단으로 밀착시켜 시공하는데 이럴 경우 창호 내부 몰딩마감이 어느 한 쪽으로 치우치는 미관상의 문제가 발생하므로 미국식시스템창호의 경우 상하좌우 6mm씩 균등하게 분할하여 시공하는데 하단의 경우엔 5mm 합판등으로 받침목을 괴고서 시공하는 지혜가 필요하다.

【 10mm아이소핑크로 경제적인 외단열을 적용 】

【 시스템 창호의 개구부는 균등하게 분할 】

【 10M/M아이소핑크로 경제적인 외단열을 적용 】

66. 윈도우, 도어의 개부부 사이 빈 공간의 인슐레이션 충전

주택에 있어서 가장 커다란 열 손실이 발생하는 곳은 벽체나 천정이 아니라 놀랍게도 창호나 도어 주변의 빈 공간을 통해서이다. 이 점 스틸하우스 시공자들이 간과하기 쉬운 부분인데 스틸하우스 주택의 열효율의 최적화 방안은 창호나 도어 주변 빈 공간의 빈틈없는 인슐레이션 충전에 있다 해도 지나침이 없을 것이다. 창호나 도어 주변의 빈 공간은 글라스울이나 우레탄 폼, 백업제 등으로 반드시 빈틈없이 충전하고 너무 미세한 틈이라면 최소한 실리콘으로 실링처리 해주어야 한다. 스틸하우스 주택의 주거 성능은 놀랍게도 바로 이러한 미세한 부분의 처리에 좌우되고 있음을 명심하여야 할 것이다.

【 개구부와 창호의 틈새는 인슐레이션을 충전 】

【 개구부와 창호 틈새는 인슐레이션 충전 】

【 윈도우, 도어의 보양작업 】

67. 윈도우, 도어의 보양 작업

스틸하우스의 공사시 윈도우 도어틀의 공사공정은 대개 전체 공사 공정에서 중간쯤에 해당하는데 이 공정 후 이루어지는 것이 석고보드공사, 미장공사, 타일공사, 도배바닥재공사 등이다. 이 공정을 거치는 사이 처음엔 멀쩡했던 창호나 문틀이 서서히 상처 등으로 손상이 가기 시작하고 막상 주택 완성 후에는 파손이 심하여 통째로 교체하는 경우가 왕왕 발생되기도 한다. 그러므로 현장의 스틸하우스 빌더들은 윈도우와 문틀의 시공을 시공 그 자체에 그치는 것이 아니고 이를 어떻게 하면 잘 관리할 수 있겠는가에 대한 보양작업에 심혈을 기울여야 할 것이다. 도어문틀은 스치로폼 이나 기성보양재 등으로 잘 감싸고 문짝은 바닥재 시공 후에 설치하고 평소 모래 등이 끼지 않도록 에어건으로 수시로 문틀 청소를 행한다. 국산 윈도우의 경우 가능한 늦게 창호문짝과 방충망을 설치하고 이의 보관시 비닐 등으로 잘 덮어두어 공사 현장의 먼지가 달라붙지 않도록 한다. 한번 오염된 창틀은 그 오염물질이 잘 벗겨지지 않으므로 창호문틀의 먼지가 쌓이지 않도록 수시로 에어건으로 청결을 유지한다.

68. 미서기포켓 도어의 올바른 설치 방법

스틸하우스의 현관이나 다용도실 등에는 공간활용의 편리성으로 매입용 포켓 미서도어를 설치하는 경우가 많은데 포켓용 미서기도어의 설치시 다음과 같은 점에 유의한다. 우선 바깥벽과 안쪽 벽의 인슐레이션 충전에 소홀히 해서는 아니된다. 이는 겨울철 결로 발생의 피해를 방지하기 위한 필수요소이다. 미서기도어 설치시 수직 수평 대각의 정렬은 무덤까지 가져가야할 원칙이다. 미서기도어의 경우 수평오가 2mm 이상이 될 경우 미서기도어가 자동으로 열리는 낭패를 경험하게 될 것이다. 또한 대각이 2mm 이상 발생하면 미서기도어의 문틀과 문짝의 수직라인이 일치하지 않는 미관상의 문제를 불러일으킨다. 한편 포켓용 미서기도어의 경우 도어안쪽 부분의 밀폐성이 취약하므로 이 부분을 몰딩 등으로 최소의 틈만 확보하여 잘 감싸주어야만 한다. 미서기포켓도어의 보호벽체틀 제작시 스틸스터드를 사용하거나 집성부재를 사용한다. 일반 각재를 사용하면 수축팽창에 의해 벽체가 휘고 문의 개폐가 원활해지지 않는다.

【 미서기포켓도어의 보조 벽체 틀 】

【 미서기포켓도어 설치의 핵심은 수직,수평의 정렬 】

【 미서기 포켓 도어 설치의 핵심은 수직, 수평의 정렬 】

【 집성목을 사용한 미서기 포켓 도어 보조틀 】

M. 스틸하우스 설비시스템

69. 스틸하우스 설비 플랜의 사전 확정

인간에게 혈관이 있듯 건축물에는 전기와 물을 공급하는 배관들이 존재한다. 혈관이 터지면 사망하듯 건축물의 배관 역시 누수가 생기면 건축물에 커다란 피해가 발생한다.

건축물에서 설비 배관이란 영양분을 공급하는 핏줄과도 같은 역할로서 건축물의 생명을 좌우 한다. 설비 플랜은 건축물의 생명을 좌우한다는 생각으로 사전에 치밀하고 상세하게 계획되어야만 한다.

사전 설비 플랜의 수립은 시간의 절약뿐만이 아니라 일의 효율성에 지대한 영향을 미치므로 반드시 '스틸하우스 사전 설비플랜 체크리스트' 를 통해서 설비플랜을 사전에 계획한다.

〈 스틸하우스 사전 설비플랜 체크리스트〉

1. 신축부지의 하수는 하수종말처리장으로 연결되어 있나요? (예, 아니요)
2. 하수종말처리장이 있다면 단독정화조를 매설합니다. 그 용량은 30평일 경우엔 5인용 이상입니다. 몇 인용을 설치할까요? (5인용, 10인용, 15인용, 20인용, 해당사항 없음)
3. 단독정화조일 경우엔 건축주님께 '오폐수원인자유발부담금' 이 부과됩니다. 이를 알고 계시나요? (예, 아니오)
4. 하수종말처리장이 없는 오폐수합병정화조의 경우에는 정화조 설치시 주차장과 맞붙은 경우에는 콘크리트박스화 작업이 선행되고 많은 비용이 발생합니다. 이를 알고 계시나요? (예, 아니오)
5. 신축주택에서 주로 사용할 물은? (상수도, 하수도, 마을공동급수, 기타)
6. 기존의 우물도 사용하시나요? (예, 아니요, 해당사항없음)
7. 우물 청소를 원하시나요? (예, 아니요, 해당사항없음)
8. 주로 사용하는 물과 보조로 사용하는 물(우물)을 주택에서 모두 사용할 수 있도록 할까요? (예, 아니요, 해당사항없음)
9. 수압이 약한 경우엔 모터를 사용하여 수압을 올릴까요? (예, 아니요)
10. 지방의 경우 흔히 X-L수도 설비 시스템을 사용하며 서울의 경우엔 고가의 에이콘 수도설비시스템을 사용합니다.

어느 종류의 수도설비시스템을 사용할까요?

(X-L, 에이콘, PP파이프)

11. 냉온수 설비배관에 있어서 기존의 설비배관 공법보다 3배 이상의 비용상승이 되더라도 누수의 원천 봉쇄를 위한 이중배관설비공법을 채택할까요? (예, 아니요)

12. 신축부지에 LNG가 매설되어있나요? (예, 아니요)

13. 심야전기보일러를 설치하신다면 선호하시는 메이커는? (강남전기보일러, 경동전기보일러, 귀뚜라미심야보일러, 라니전기보일러, 해당사항없음)

14. 매입되는 모든 수도파이프에 보온재를 감쌀까요? (예, 아니요)

15. 하수구의 악취와 하수소리의 차단을 위해서 스톡벤트를 설치할까요? (예, 아니요, 해당사항없음)

16. 하수구의 물소리를 차단하기 위해서 PT박스를 외부에 설치할까요? (예, 아니요, 해당사항없음)

17. 하수구의 물소리를 차단하기 위해서 저소음 방음파이프를 사용할까요? (예, 아니요)

15. 각 보일러개폐기는 어느 장소에 설치할까요? (다용도실, 화장실, 주방씽크대매입)

15. 보일러콘트롤박스는 어느 장소에 설치할까요? (거실, 안방, 침실 ,주방)

16. 1층 거실메인화장실에 샤워부스를 설치할까요? (예, 아니요)

17. 1층 메인 화장실엔 샤워용 냉,온수도를 설치할까요? (예, 아니요)

18. 1층 안방화장실에 샤워부스를 설치할까요? (예, 아니요)

19. 1층 안방 화장실엔 보조 냉,온수도를 설치할까요? (예, 아니요)

20. 세탁기를 설치할 위치는 어디인가요? (다용도실, 주방, 1층화장실)

23. 다용도실에는 보조 씽크대를 설치하시나요? (예, 아니요)

24. 그렇다면 가스 설비 홀을 천공할까요? (예, 아니요)

25. 다용도실에 세탁기전용수도와 씽크대 수도와 허드렛물을 사용하는 보조 냉,온수도를 설치 할까요? (예, 아니요)

26. 화장실과 주방 다용도실에는 각각의 후드팬을 설치할까요? (예, 아니요)

27. 난방공사는 습식온돌과 건식온돌이 있습니다. 어느 것을 원하시나요? (습식온돌, 건식온돌)

28. 습식난방시 50mm 아이소핑크+와야메쉬+X-L+모르타르 방법이 흔히 사용하는 방식입니다. 여기서 콩자갈을 까시면 보온 효과가 극대화 됩니다. 추가 비용이 들더라도 콩자갈을 시공할까요? (예, 아니요)

29. 화장실쪽도 난방설비를 할까요? (예, 아니요)

30. 다용도실쪽도 난방설비를 할까요? (예, 아니요)

31. 안방 드레스룸 혹은 파우더룸도 난방설비를 할까요? (예, 아니요, 해당사항없음)

32. 거실쪽 난방라인은 두 곳으로 나눠 개폐기를 두 개 설치할까요? (예, 아니요)

33. 옵션공사로서 각 룸이 메인에서 자동 온도조절개폐가 되는 각방 온도조절시스템 설비공사가 가능합니다. 이를 설치 할까요? (예, 아니요)

34. 거실, 안방등에 에어콘 배관 홀을 미리 설치해 놓을까요? (예, 아니요)

35. 외부수도가 필요하신가요? (예, 아니오)

36. 외부 수돗가가 필요하신가요? (예, 아니요)

37. 수도계량기의 설치장소는? (대문앞, 정원 좌측, 정원우측, 사후체크)

38. 주보일러의 종류는? (기름보일러, 가스보일러, 심야전기보일러, 태양열보일러)

39. 기름보일러의 선호하시는 메이커는? (귀뚜라미, 경동, 해당사항없음)

40. 태양열보일러 설치 시 선호하시는 제품메이커는? (귀뚜라미, 경동, 강남, 해당사항없음)

41. 중앙 집중 냉난방 시스템을 도입 할까요? (예, 아니요)

42. 보일러 분배기와 개폐기는 어느장소에 설치할까요? (보일러실, 다용도실, 화장실, 주방)

43. 분배기 카바를 설치할까요? (예, 아니요)

44. 분배기 카바를 설치하신다면 그 재질은? (헤어라인스텐, 목재, 기타, 해당사항없음)

45. 가스통의 위치는? (주방뒤, 다용도실뒤, 기타 장소)

46. 가스 밸브는 몇군데 설치하나요? (주방1곳, 주방 다용도실 2곳)

47. 다용도실에 설치하신다면 후드구멍을 천공할까요? (예, 아니요)

48. 별도의 가스통저장고를 제작할까요? (예, 아니요)

49. 수압 상승을 위한 별도의 모터를 설치할까요? (예, 아니요)

50. 세탁기의 설치위치는? (다용도실, 주방, 세탁실, 기타)

51. 후드구멍의 천공 위치는? (추후설명)

52. 가스전기오븐을 설치하시나요? (예, 아니요)

53. 사용하신다면 그 위치는? (추후설명)

54. 주방개수대에 급수전을 설치하나요? (예, 아니요)

55. 벽체사이의 보일러 연통처리시 소프층을 형성할까요? (예, 아니요, 추후판단)

56. 보일러 기계 하단에 소음 차단을 위한 고무 차음제 시공을 할까요? (예 ,아니요)

57. 보일러실 바닥에 물매처리를 할까요? (예, 아니요)

58. 보일러실에 드레인을 설치할까요? (외부로 설치, 설치않함)

70. 2, 3층 화장실 하수도 배관의 정도 시공

스틸하우스 시공시 가장 많은 하자 발생 부분이 바로 화장실, 데크 등에서의 누수 문제인데 그중에서도 하수파이프와 콘크리트 틈 사이로 흐르는 누수가 가장 큰 문제현상이다.

【화장실의 하수 배관 시 레듀샤를 사용한 모습】

그 해결 방법으로 보통 2, 3층 화장실, 데크 등의 배수구 파이프를 우레탄 방수 처리하는데 이는 2~3년 지나면 방수층에 손상이 오는 단점이 있기에 원천적인 방수 처리가 결코 될 수 없다. 그렇다면 원천적인 방수 처리의 방법은 무엇인가?

그 방법으로 100mm파이프 하수도배관 시 반드시 150~200mm 정도의 레듀샤를 사용하고 토치램프로 고무시트를 구워 레듀사 안쪽을 감싸안게 시공하는 것이다.

그 후에 100mm파이프를 200mm메듀샤 안쪽에 끼워넣는다. 이 시공 방법이 적용된다면 설령 시간이 흘러 배수구 파이프 둘레로 누수가 발생 하더라도 200mm의 메듀샤가 2차로 그 물을 받아줌으로써 2, 3층 화장실 배수 파이프 주위의 누수를 원천적으로 막아 줄 수 있는 것이다.

71. 2, 3층 화장실의 악취와 하수 물소리를 어떻게 잡을 것인가? (1) (STOCK VENT의 설치)

아파트와 마찬가지로 스틸하우스 역시 2, 3층 화장실이나 주방의 물소리가 주택의 품질을 저하시키는 주범이 되고 있다. 스틸하우스의 하수 소음을 줄이는 방법으로 스톡벤트의 설치는 적극 권장되어야 한다. 스톡벤트의 원리는 간단하다. 하수파이프위로 지붕까지 파이프를 설치하면 아래 위의 기압차로 인하여 하수배출 물소리가 파이프를 타고 지붕 바깥으로

【STOCK VENT의 설치로 배관의 소음과 악취를 방지】

【지붕위로 하수 스톡벤트용 하수 파이프를 설치】

배출되는 것이다.

아울러 스톡벤트를 설치함으로서 '봉수파괴현상(2, 3층 화장실의 변기를 내리면 변기안의 모든 물을 집어 삼키는 현상)'을 방지 할 수 있다.

2, 3층 100mm 하수파이프위에 물소리를 지붕 위로 실어날을 수 있는 '하수소음와 악취 배출파이프-스택벤트' 의 설치는 스틸하우스의 주거성능을 배가 시키는 최적의 공법이 될 수 있다.

72. 2, 3층화장실의 악취와 하수소음을 어떻게 잡을 것인가? (2)
(PIT BOX의 설치)

2, 3층 화장실의 악취와 하수소음을 잡을 수 있는 두번째 방법으로 2, 3층의 하수파이프에 PIT BOX를 설치하는 것이다.

흔히 하수파이프를 월 내부에 매입시키는데 이는 스틸하우스의 차음성능을 저하시키는 원인이라 할 수 있다.

하수파이프, 상수파이프, 스톡벤트(STACK VENT)등 설비 파이프는 PIT BOX를 외부에 반드시 별도로 설치하여야 한다.

그리고 PIT BOX 설치시 하수파이프를 통째로 글라스울로으로 감싸준다.

아울러 PIT BOX 역시 인슐레이션을 충전해 주어 차음성능을 높일 수 있다.

【 내부가 아닌 외부에 별도로 설치된 PIT 박스 】

73. 2, 3층화장실의 악취와 하수소음을 잡을 것인가? (3)
(방음 파이프와 방음 부속의 사용)

하수파이프의 층간 소음을 방지하는 또 하나의 방법은 하수파이프를 일반 발포관이 아닌 이중 방음 파이프를 설치하는 것이다. 특히 파이프 엘보 등 모든 부속품을 모두 방음 처리가 된 부속으로 설비하는것이 중요하다.

하수의 소음은 파이프 자체보다는 엘보등 부속류에서 1차적인 소음원이 되는 경우가 많기 때문이다. 이중방음파이프의 사용으로 층간 하수소음을 획기적으로 저감 할 수 있을 것이다.

【 방음 파이프로 배관된 모습 】

【 방음배관 부속품의 사용 여부가 결정적 】

74. 스틸하우스 화장실 벽체의 구조물 고정을 위한 조이스트 보강재의 설치

【 스틸하우스 화장실 벽체의 구조물 고정을 위한 조이스트보강재를 미리 설치 】

스틸하우스에서 화장실 세면대의 고정은 스틸하우스의 골칫거리중 하나이다.

O.S.B합판에는 앵커가 심어지질 않기 때문이다.

이때는 세면대 앙카가 심어질 위치에 240JL16으로 보강을 한 후 C.R.C보드를 시공을 하고 앙카대신 스크루볼트로 세면대를 고정하여야 한다.

75. 스틸하우스의 수도 설비의 정도 시공

스틸하우스의 수도설비시 다음의 사항을 준수하여야 한다.

- 첫째, 사전 수도설비계획을 수립한다. 이는 시간의 절약뿐만이 아니라 일의 효율성에 지대한 영향을 미친다.
- 둘째, 수도급수전 설치시 엘보의 길이는 C.R.C보드와 석고보드 타일의 마감 선까지 고려하여(대략 30mm) 그 길이를 충분히 확보한다. 아울러 냉온수 급수전의 수직, 수평을 제대로 맞추어 준다.
- 셋째, 급수전 엘보는 100% 완전히 고정 시켜준다. 스크루가 가능한 엘보를 사용하여 스터드등 보강재에 단단히 고정시킨다.
- 넷째, 냉온수 파이프는 100% 반드시 보온재로 감싸준다. 하절기에 냉수 파이프등에서 결로가 발생하여 석고보드를 적시고 곰팡이가 생기고 타일이 손상되는 것을 방지하기 위해서이다.

【 타일 마감선까지 고려한 수도 급수전 】

【 냉온수파이프는 반드시 보온재로 단열처리 】

【 보강재에 단단히 체결된 수도 급수전 】

76. 하자 제로의 정화조 설치

정화조 공사시 정화조의 파손을 방지하는 것이 그 핵심 공정이다. 지역(상수도수질보존 제1지역)에 따라 정화조 콘크리트 박스를 제작하는 경우가 있으니 이에 유의한다. 정화조가 설치될 바닥에는 모래나 석분으로 수평을 잡는다. 정화조의 측면은 토사로 채우기보다 반드시 모래나 석분을 채워 넣는다. 정화조의 물 채움시 한쪽으로 치중하지 말고 좌우로 오가며 채워 넣는다. 정화조의 상부는 13mm 철근을 200mm 간격으로 배근한 후, 그 위에 콘크리트 타설한다. 주차가 필요한 경우 정화조의 뚜껑을 스틸로 교체한다. 한 가지 명심해야 할 사항은 정화조가 파손시 실리콘으로 실링하는 것은 절대금물이다. 실리콘은 1~2주 내로 떨어져나가게 된다. 이때는 반드시 정화조 제조사에 A/S를 요청하여 FRP 용접을 실행한다.

【 지역에 따라 정화조 콘크리트 박스 함 제작 】

【 정화조 바닥에도 모래나 석분을 채움 】

【 정화조 측면에도 모래나 석분을 채움 】

77. 이중 급수배관 공법의 도입

인간에게 혈관이 있듯 건축물에는 전기와 물을 공급하는 배관들이 존재한다. 혈관이 터지면 사망하듯 건축물의 배관 역시 누수가 생기면 건축물에 커다란 피해가 발생한다. 현재 건식공법으로서의 스틸하우스는 스틸하우스의 구조적 측면을 상대적으로 강조하는 경향성으로 설비배관 공법의 선진화가 제대로 이루어지지 않고 있으며 이는 건식공법의 설비마감의 한계로 도출되어 하자발생 제1의 원인이 되고 있다. 스틸하우스는 목조주택 등 건식공법은 패널화된 벽체와 바닥기초부분의 조인방법으로 누수 발생시 물 흐름을 차단할 방수 턱 기능 부재하며 역설적으로 기초레벨이 정확할수록 누수시 피해가 확산되는데 누수의 발생으로 벽체와 천장의 단열재, O.S.B, 석고보드 등 마감재에 손상을 입히게 된다. 어쩌면 '건축은 물과의 전쟁' 으로서 스틸하우스에서 근원적으로 누수를 차단할 수 있는 설비배관공법의 도입이 절실히 요구되어지는데 이에 부응하여 스틸하우스에서 새로이 개발된 설비공법이 바로 이중 급수배관 공법인 것이다. 이중 급수 배관 공법이라 함은 한마디로 퍼스트파이프안에 설비파이프를 매입(PIPE IN PIPE)시키는 공법이다. 이중 급수 배관 공법은 벽체를 뜯지않고 배관의 보수가 가능하며 기존 매립방법의 단점인 인위적 배관훼손과 구조체의 훼손을 방지하고 신속하고 정확한 시공이 가능하다. 특히 급수배관의 하자는 조인부분에서 발생하는데 이중 급수배관 공법은 오픈수전함에서 육안으로 누수여부 확인이 가능하며 노출되는 배관들이 분배기 함에 매입되어 공간 활용도가 극대화된다.

스틸하우스 이중 급수배관 공법 도입의 효과로는 낙후된 급수배관 공법의 수동성을 극복하여 누수 하자에 대한 능동적 대처 가능하고 이는 결국 물과의 전쟁에서 원천적으로 승리하여 스틸하우스의 주거성능을 질적으로 향상시킬 수 있는 최첨단의 설비공법이다.

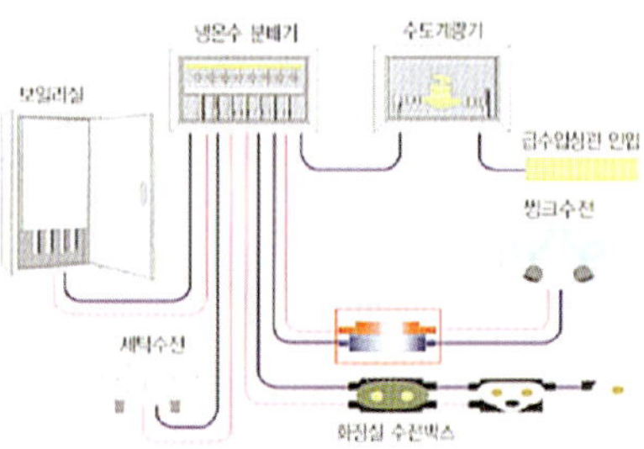

【이중 급수배관의 계통도】

【콘크리트 타설전 CD관 매입】

【철골조 시공 후 오픈 수전함의 매입】

【바닥형 냉온수 분배기의 매입】

【오픈 수전함 부속들과 수전 설치】

【수전의 설치 1】

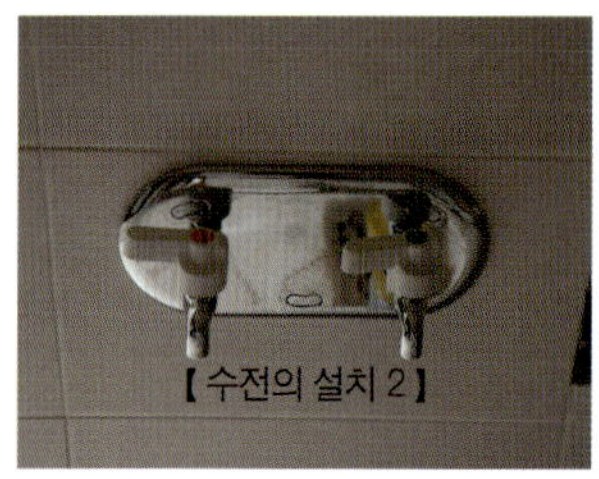

【수전의 설치 2】

L. 스틸하우스와 전기공사

78. 전기박스 지지대의 설치

스틸하우스 전기박스 지지대는 스터드를 활용하는 방안과 2 × 4 방부목을 이용하는 방법이 있다. 어느 경우이든 측면 스터드에서 지지대 스터드에 스크루를 체결하는데 스터드 활용 방법은 내구성의 측면에서 2 × 4 방부목의 활용 방법은 편리성의 측면에서 각기 잇점이 있다. 이때 주의 할 점은 지지대의 부착 시 수직 수평을 정확히 맞추어 잘 정렬해 놓아야 한다. 이는 이후의 전기박스와 전기기구 설치시 수직수평 정렬의 기초가 된다.

79. 전기박스의 스터드 용접의 지양

전기박스를 쉽게 설치기 위해 일선 전기기술자들이 용접기를 가지고 스틸스터드를 불어내거나 용접하는 경우가 심심찮게 행해지곤 하는데 이는 스틸하우스의 구조적 불안정성을 증대시켜 그 내구성에 심각한 영향을 주는 결과를 초래한다. 스터드를 용접기로 불어내면 아연도금층이 손상되고 이 지점에서 녹이 쓸고 부식이 진행된다. 더욱이 전기파이프를 인입하기 위하여 마구잡이로 스터드에 구멍을 내면 스터드의 국부 좌굴 현상등 구조적 불안정성이 증대하여 스틸하우스의 수명에도 심각한 영향을 주게된다. 그러므로 스틸하우스 전기공사시 용접기의 사용은 절대적으로 지양되어야할 사항이다.

80. 전기박스 양쪽내기의 지양

작업의 편리성이라는 이유로 전기공사시 벽체의 같은 지점에서 양면에 전기박스를 설치 하곤 하는데 이는 목조주택이나 스틸하우스의 주택 품질을 저하시키는 주범으로 심각히 등장하고 있다. 이는 양면의 전기박스 설치로 인해 이곳을 통해 열 손실이 발생할 뿐더러 각 공간의 소음이 전달되는 통로가 되기 때문인데 보통 한 공간의 전기박스는 8~20여개에 이르는데 만약 이 공간들이 모두 전기박스의 양면 설치가 된다면 무려 그 면적은 가로 300mm, 세로 300mm의 빈 공간으로 환산되는데 바로 이 빈 공간을 통하여 열 손실과 소음이 전달되는 것이다. 전기박스 하나쯤 하고 생각하기 보다는 스틸하우스 건축 현장에서 엔지니어들이 잊지 말아야 할 스틸하우스 품질 체크리스트의 항목에서 바로 이런 소소한 부분에 까지 체크했을 때만이 스틸하우스의 단열성능과 차음성능을 향상시킬 수 있는 것이다.

81. 전기박스 파이프 인입선의 밀봉 처리

전기박스의 양쪽내기 지양과 아울러 염두에 두어야할 세심한 항목이 바로 전기파이프 끝 지점의 실리콘 밀봉 처리 공정이다. 전기박스에 매입된 끝단은 각 공간의 소음을 전달하는 훌륭한 튜브가 되고 있다. 스틸하우스 층간 차음 시스템이 적용된 스틸빌라에서 3층의 생활소음이 1층에서 들린다면 이는 틀림없이 전기파이프를 타고 들려오는 생활소음임을 유의하여야 할 것이다. 그러므로 전기박스의 전기파이프의 끝단은 반드시 실리콘 등으로 밀봉 처리 하여야 하는 것이다.

82. 천정 전기박스의 커버 밀봉

필자가 2년 전 제주 지역의 어느 한 건축주로부터 전기콘센트에서 바람이 나오고 3층의 소곤소곤되는 소리가 들려서 잠을 이룰 수 없다는 문의 전화를 받고 현장을 실사한 적이 있었는데 그 현장의 경우 위에서 말한 전기박스의 양쪽내기가 거의 모든 벽체에서 진행되었고 콘센트 커버를 열고 확인 해 본 결과 전기파이프의 끝단밀봉 처리가 생략되어 있었다. 그런데 그 집의 경우는 그 소음의 정도가 상상을 초월하여 3층의 소곤 소곤대는 소리까지 1층으로 들렸으며 콘센트에서 인슐레이션 가루까지 날리고 있었다. 어디에 그 원인이 있었을까? 그것은 바로 천정 전기박스의 커버가 제대로 밀폐되지 않았기 때문이다. 하나의 천정 전기박스에는 보통 4개 이상의 전기파이프가 연결되어있는데 강풍이 부는 날 처마의 소핏이 오픈되어 있는 경우 처마 소핏을 타고들어 온 바람에 인슐레이션 가루가 온 천정에 흩날리고 이 중 일부분이 전기박스의 전기파이프를 타고 1층의 전기콘센트로 배출되는 것이다.
어디 이뿐인가? 이와 같은 원리로 3층의 생활 소음 역시 전기파이프를 타고 1층 아래로 전달되는 것이다. 바로 여기에 천정의 전기박스는 반드시 전기박스 커버로 밀봉처리 하여야 하는 이유가 있는 것이다.

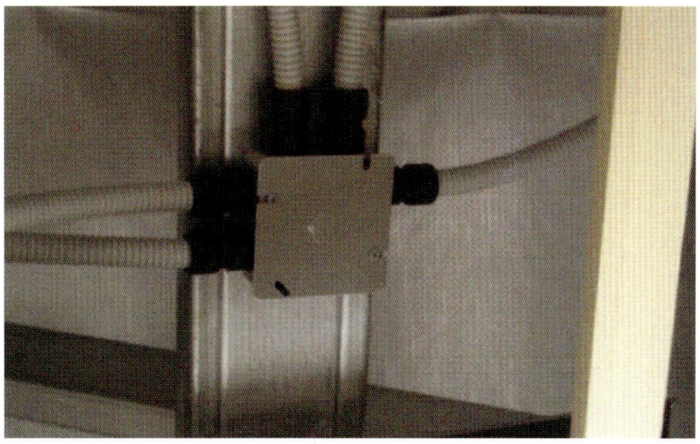

【전기복스의 커버의 밀봉 처리로 스틸하우스 차음성능 향상】

83. 전기기구의 수직수평 정렬

전기공사의 마침표는 전기기구의 설치에 있다. 그런데 전기기구의 수직 수평이 맞지 않아 미관상 문제를 일으키는 경우가 허다한데 이때 고객이 갖는 마음은 마치 예쁜 미인의 얼굴에 화장을 떡칠해놓아 기분이 상하는 경우와 흡사 할 것이다. 사실 전기기구의 수직수평의 정렬이 전기공사의 성능에 미치는 영향은 제로다. 단지 미관상 삐뚤어짐이 주택 자체의 부실로 착각을 불러일으키게 하는 것이다. 그렇다고 해서 이를 이해하는 고객은 단 한 사람도 없다는데 문제의 심각성이 존재

【전기기구수직, 수평의 정렬은 지지대로 부터】

한다. 그러므로 전기기구의 수직수평 정렬은 전기공사시 절대 놓쳐서는 안 되는 핵심 체크포인트가 되어야하는 것이다. 전기기구의 수직수평정렬은 전기박스 지지대 설치시 부터 그 기초를 잘 닦아 놓아야 한다.

흔히 현장에서 지지대 설치시 수평기로 지지대의 수직수평을 맞추라 하면 지나가는 소리로 귀 흘리는 경우가 허다한데 전기박스 지지대의 정렬이 되지 않으면 결국 전기박스나 전기기구 역시 수직수평이 맞지 않는 현상을 초래하게 된다. 스틸하우스 표준기술의 정립은 바로 이러한 세심한 곳에까지 그 손길이 미쳤을 때에만 가능한 것이다.

84. 조명기구 위치의 사전 설정

조명기구의 사전 위치 설정은 현장의 엔지니어들이 반드시 준수해야할 지침사항이다. 천정 석고보드 마감까지 해 놓은 상황에서 조명 기구의 전선이 엉뚱한 곳에 설치되어 석고보드를 파내거나 석고보드를 다시 재시공하는 경우가 발생한다. 심지어는 도배까지 해 놓은 상황에서 조명선의 위치가 잘못되어 도배 공사를 다시 하는 경우도 발생한다. 이 경우 이의 책임을 놓고 설계도면을 탓하거나 고객을 원망하기도 하고 작업자들을 질타 하기도 하는데 기실 이 모든 문제의 책임은 현장의 팀장이나 수석 빌더에게 있는 것이다. 현장의 팀장이나 빌더는 고객의 잦은 전기공사계획의 변경을 탓 할 것이 아니라 전기도면이나 고객의 요구에 따라서 조명선의 적절한 위치를 사전에 파악 천정에 마킹하는 습관이 몸에 베어있어야만 한다. 이 마킹선에 따라서 스틸프레이머들은 석고보드 작업 시 정확한 조명기구 위치에 조명선이 설치되도록 한다.

【디카로 모든 천정, 벽체를 촬영】

85. 전기기구 위치의 재점검

스틸하우스 현장에서 종종 목격 되는 또 하나의 진풍경이 바로 마감재에 매립된 콘센트나 스위치를 찾기 위해 타일이나 도배를 뜯어내고 재시공하는 경우들이다. 왜 이런 현상이 발생하는가? 이 역시 조명기구 조명선의 사전 선정과 마찬가지로 현장의 팀장이나 빌더가 프레이머 등 작업자들이 알아보기 쉽도록

【전기기구의 위치는 수시로 재확인하며 디카로 모든 벽체를 촬영】

전기기구 설치 위치를 사전에 표시 하지 않기 때문에 발생하는 것이다. 팀장이나 수석빌더는 스틸하우스 벽체 작업시 월 도면에 세심히 전기박스의 위치를 파악해두고 수시로 이를 점검하여야 한다. 특히 디지털카메라등으로 월 자체를 촬영해 놓으면 최악의 경우 마감재를 재시공하는 일은 피 할 수 있을 것이다.

86. 전기기구의 일정한 규격화 작업

【전기기구 위치 선정 시 일정한 규격화 작업이 선행되어야】

전기기구의 설치는 각 공간마다 일정한 기준이 제시 되어야 한다. 예를 들어 화장실 전용비데 콘센트는 하부트랙에서 200mm, 각 방의 스위치는 1,200~1,300mm, 콘센트는 400~500mm 위치에 일정하게 배치되도록 한다. 아울러 각 공간의 모든 스위치는 도어의 위치에서 최대 300mm를 벗어나지 않도록 유지하며 메인 스위치에 너무 많은 스위치가 부착되지 않도록 유효적절한 위치에 제2의 메인 스위치 자리를 만들어 놓아 스위치를 분산 시키도록 한다. 이러한 규격화 작업은 혹시 쉬딩재 작업시 전기박스를 매립하였다 하더라도 손쉽게 그 위치를 찾아낼 수 있는 잇점이 있다.

87. 조명기구 지지대의 설치

스틸하우스 천정의 구조는 석고보드 2PLY인 현장이 많은데 이 경우 조명기구를 설치하기위한 버팀 지지대를 사전에 설치해 놓아야 한다. 버팀 지지대는 2 × 6 방부목이나 140mm 스틸스터드가 사용되는데 어느 경우이든 조명기구가 부착될 장소의 센터를 잘 파악하여 설치하도록 한다. 특히 거실의 메인 조명등의 경우는 사전에 앙카볼트를 지지대에 미리 설치하는 지혜가 필요하다.

O. 한국형 벤틸레이션 시스템

88. 지역별 특수성을 고려한 처마소핏의 오픈

한국형 정통스틸하우스의 완성은 한국형 벤틸레이션 시스템의 연구개발에서 그 빛이 발할 것이다.

한국형 벤틸레이션시스템의 이해에 있어서 핵심적인 코드는 각 지역의 기후 조건을 충분히 반영한 지역 특성의 벤틸레이션 시스템의 도입이다. 태풍과 강풍이 심한 제주도의 경우 오픈된 처마소핏이나 게이블벤트로 빗물이 유입되어 천장과 외벽체를 적시고 이는 결국 곰팡이가 쓰는 주범이 되고 있다. 제주도의 경우 처마소핏과 게이블, 릿지벤트 등을 이용한 자연 순환 방식의 벤틸레이션 시스템보다는 강제 자동팬 방식 등 강제 순환 방식의 벤틸레이션 시스템이 적극 고려 되어야 할 것이다. 또한 스틸하우스 설계시 처음부터 지붕의 외단열 시스템을 기본으로 채택하여만 할 것이다.

숨 쉬는 한국형 스틸하우스를 완성하는 '한국형 벤틸레이션 시스템' 의 기술을 정리하자면 다음과 같다.

- 첫째, 처마소핏의 개구부는 아래의 표에서와 같이 각 지역의 실정에 맞는 오픈 사이즈를 확보하고 아울러 지역의 특색을 고려한 벤틸레이션의 종류를 채택한다.
- 둘째, 캘리포니아와 게이블 상부는 철저히 밀봉한다. 다만 이 경우 공기인입구가 없으므로 리턴박스 1m 지점까지는 소핏을 열어놓고 그 위를 O.S.B로 완전히 밀봉한다. 게이블 상단 까지 소핏을 열어 놓으면 처마 하단에서 인입된 공기가 게이블 벤트나 리지벤트로 빠져나가는데 있어 오히려 방해가 되어 결국은 공기의 순환이 자유롭지 못하기 때문이다.
- 셋째, 제주도, 울릉도와 같은 해안가 지역이나 바람이 많은 지역은 소핏을 밀봉하고 강제벤틸레이션 시스템을 채택한다.

	처마소핏 개구부(mm)	주요벤틸레이션시스템	비고
강원지역	30-40	게이블, 리지	적설량 고려
서울,경기	40-50	게이블, 루프, 리지	-
충청등 중부지방	50-60	게이블, 루프, 리지	-
호남, 영남등 남부지방	60-80	게이블, 루프, 리지	-
산간지역	30-40	게이블, 리지	-
해안지역	20-30 혹은 밀폐	게이블밀폐 강제벤틸레이션시스템	풍압 고려
제주도	20-30 혹은 밀폐	게이블밀폐 강제벤틸레이션시스템	풍압 고려

【 각 지역별 실정을 고려한 벤티레이션 시스템 】

【 30mm정도만 오픈되어 있는 남부지방의 처마소핏 】

【 게이블트러스의 하단은 오픈하나 하단 1m 위 지점에서는 처마 밀폐 】

89. 게이블벤트 시스템

게이블벤트는 처마 소핏을 타고 흐른 공기가 배출되는 역할을 수행한다. 게이블 벤트 설치시 게이블베트가 공기 유입구가 되지 않도록 게이블 벤트 근처의 박공 처마 소핏의 오픈을 지양한다. 한편 게이블 벤트의 천공의 크기는 22인치의 경우 350 × 350mm를 권장한다.

【 박공지붕에 설치되는 게이블 벤트 시스템 】

【 게이블 벤트 근처의 박공 처마 소핏의 오픈 지양 】

90. 래프터벤트 (Raffter Vent) 시스템

래프터벤트는 연결 처마 소핏을 타고 흐른 공기가 리지벤트로 배출되는 역할을 수행한다. 래프터 골조 구조, 시저트러스 구조 에서는 반드시 설치한다. 특히, 다락방 구조에서는 그 어떠한 경우에도 반드시 래프트 벤트를 설치해야 한다. 설치시 래프터 벤트를 처마 소핏에서부터 출발 리지벤트까지 일렬로 정렬하고 스터드와 스터드의 사이 빈 공간 없도록 설치한다. 설치시 고정용 핀 목재를 이용하여 단단히 고정하도록 한다.

【 지붕 전체에 시공된 래프터 벤트 】

【 설치 시 고정용 핀 목재를 이용 】

91. 리지벤트 (Ridge Vent) 시스템

모임지붕의 경우에는 리지벤트를 설치한다. 처마소핏을 통한 공기 유입과 리지벤트를 통한 공기 배출이 가장 자연스러운 스틸하우스 벤틸틸레이션 시스템이다. 박공지붕일지라도 게이블 벤트 설치 불가능시 리지벤트를 설치하도록 한다. 리지벤트의 개구부 폭은 30~40mm 정도를 유지한다.

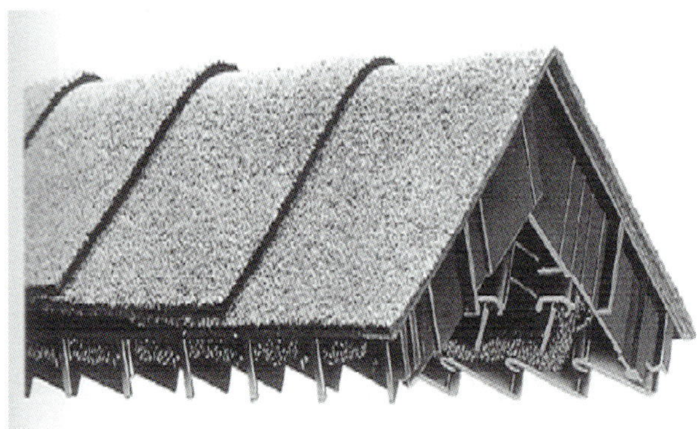

【 리지 벤트 】

【 모임지붕의 경우 리지벤트의 설치는 필수 】

92. 강제 벤틸레이션 시스템

태풍과 강풍이 심한 제주도의 경우 오픈된 처마소핏이나 게이블벤트로 빗물이 유입되어 천장과 외벽체를 적시고 이는 결국 곰팡이가 쓰는 주범이 되고 있다.

제주도의 경우 처마소핏과 게이블, 릿지벤트 등을 이용한

【강제 자동 팬방식의 벤티레이션 시스템】

자연 순환 방식의 벤틸레이션 시스템보다는 강제 자동팬 방식등 강제 순환 방식의 벤틸레이션 시스템이 적극 고려되어야 하며 스틸하우스 설계시 처음부터 지붕의 외단열 시스템을 기본으로 채택하여만 한다.

P. 스틸하우스와 놓치기 쉬운 표준기술

93. 인슐레이션의 처짐을 방지하라.

스틸하우스에 사용되는 단열재는 그 뛰어난 단열성과 차음성으로 글라스울이 주로 사용된다. R-11의 인슐레이션은 스치로폼에 비하여 20% 열효율이 상승되며 R-19인슐레이션은 R-11에 비하여 6% 정도의 열효율을 상승시킬 수 있다. 물론 어디까지나 인슐레이션이 처지지 않는다는 조건하에서의 말이다. 인슐레이션의 고정방법은 목조주택의 경우 인슐레이션의 날개를 스테이플로 고정하거나 IS16혹은 IS24를 설치하여 인슐레이션의 처짐을 방지한다. 문제는 스틸하우스의 경우 날개를 펴서 스테이플로 고정하기가 여간 쉽지 않다는 점이고 스틸하우스 전용 인슐레이션 처짐방지철물이 아직 개발되어 있지 않다는 점이다. 결국 많은 현장에서 인슐레이션의 처짐방치하기에 이르는데 이는 스틸하우스의 단열성과 차음성에 막대한 악영향을 미칠 수 있다. 몇 년의 시간이 흐르고 난 후 스틸하우스의 단열성과 차음성에 문제가 생겼다면 이는 십중팔구 인슐레이션의 처짐 현상 발생한 것일 게다. 만약 이 사실이 믿기질 않는다면 그 벽체를 해체해보고 눈으로 직접 확인해보라.

그렇다면 스틸하우스 현장에서 인슐레이션의 처짐을 방지하기 위한 시공방법은 무엇인가? 주로 많이 사용되는 방법은 박스테이프

【고정 핀의 설치로 인슈레이션의 처짐을 방지】

등으로 인슐레이션의 페이퍼 부분을 접착하는데 이 방법은 박스테이프의 접착성능이 오래가지 못한다는 단점이 있다.

두 번째 방법으로 3m 스프레이형 본드를 스터드에 도포한 후 인슐레이션의 날개를 펴서 접착하고 이 위에 O.S.B 혹은 석고보드 등의 쉬딩재를 부착하는 방법이다. 이 방법은 손이 많이 가는 단점이 있으나 인슐레이션을 처짐을 완전히 방지할 수 있다는 장점이 있다.

그리고 스틸하우스 전용 인슈레이션 처짐 방지용 철물이 시급히 개발되어야 할 것이다.

94. 지붕, 벽체 내부에도 공기 흐름 층을 형성하라.

스틸하우스는 숨 쉬는 기능을 지닌 구조체이다. 이를 위해 일면 투습성 소재의 타이벡을 사용하며 스틸하우스의 외단열공법도 생활습기 배출을 위한 공기층 단열배습공법을 채택하고 있음은 주지의 사실이다. 스틸하우스의 숨 쉬는 기능은 주택의 쾌적성를 극대화시켜 웰빙하우스로의 진가를 발휘하는데 이러한 숨 쉬는 기능을 완성시키기 위하여 공기 흐름층을 지붕안쪽면과 벽체내부에도 설치하는 지혜가 필요한바 이를 위해 래프터벤트를 지붕과 벽체 안쪽에 모두 설치하도록 한다. 이러한 래프터벤트의 설치는 스틸하우스의 생활습기의 배출과 벤티레이션 기능을 최적화시키는 일석이조의 역할을 수행한다. 그리고 현재 스틸하우스 자재메이커에서 홀이 천공된

트랙이 생산되지 않는 현실에서 현장에서는 탑트랙에 610mm 간격의 습기 배출을 위한 홀의 천공을 수행토록 한다.

95. 목조자재의 유연한 활용

스틸하우스 빌더들이 갖고 있는 오해중의 하나가 스틸하우스의 주자재나 부자재는 스티스터드 등의 스틸자재만을 사용하는 것으로 알고 있는 것이다. 그러나 이는 현실을 반영하지 못한 결과에서 비롯된 오해이다. 일례로 스틸하우스 골조에서 개구부엔 목구조재의 우드 벅이 활용되고 바텀트랙과 탑트랙엔 토대로서 2 × 6 방부목이 널리 사용되고 있으며 모서리 등엔 결로방지용 목구조재가 채택되기도 한다. 이는 스틸이 갖고 있는 결로등의 취약성을 목구조재로 보완하는 공법이라 볼 수 있다.

이러한 스틸스터드와 목재스터드의 적극적인 상호 보완 공법은 일례로 스틸하우스에 있어서 팔각 지붕의 구조체 전체를 스틸자재가 아닌 목구조재로 사용하는 등의 형태로 진행되기도 한다. 한편 스틸하우스에서 5,600mm 이상 롱스팬의 구조체는 구조계산 시 사실상 불가능에 가깝다. 이는 조이스트를 박스빔으로 구성시 더블 이상의 결합은 구조적으로 커다란 의미가 없다는 데서 나오는 결과인데 이 지점에서 공학목재나 구조용 집성재의 적극적인 활용이 필요로 되어진다. 공학목재나 구조용 집성재는 롱스팬의 구조체로서의 역할만이 아니라 외부 노출 시 인테리어 효과를 극대화 시키는 특유의 장점을 가지고 있다.

다만 스틸과 목자재 라는 상호 이질적인 소재 결합시키는 구조적인 디테일이 좀 더 연구 개발 되어야 할 것이다.

사실 심슨스트롱타이(Simpson Strong-Tie)가 자랑하는 목조 건축용 접합철물(WOOD CONSTRUCTION CONNNECTORS)은 목자재가 갖는 구조적 취약성을 스틸이라는 소재를 이용하여 보완한 전형적인 사례라 할 것이다. 역으로 이러한 과학적인 접합철물의 스틸하우스化는 스틸하우스 구조 성능의 향상에 도움이 될 뿐더러 스틸하우스 건축의 표현력을 극대화시킬 수 있는 것이다.

96. H-BEAM등 중량형강철골의 유연한 활용

위에서도 밝혔듯이 스틸하우스는 5,600mm이상의 장스팬은 조이스트 박스빔 만의 구조체는 구조적 불안정성을 야기한다. 이를 보완하는 방법으로 공학목재나 구조용집성재의 사용을 예로 제시했는데 빌더들이 접근하기 쉬운 또 하나의 방법이 바로 H-BEAM등의 중량형강철골의 사용이다. 보통 스틸하우스 현장에서 5,600mm이상의 장스팬으로 설계된 보의 경우 더블조이스트박스빔을 주로 사용하는데 구조 계산상 이는 매우 위험한 구조체로 되기 쉽다. 특히 고정하중과 적재하중이 증가하는 스틸빌라의 경우는 더더욱 그러한데 이러한 구조적 불안정성을 안정화 시키는 방법이 H-BEAM등의 중량형강철골이 적극 채택이다. 물론 이 정도의 구조 계산은 구조설계된 샵드로잉에 이미 제시되어 있으므로 현장의 빌더는 샵드로잉에 표기된 규격의 H-BEAM의 자재를 사용하면 될 것이다. 그렇다면 샵드로잉이 없는 현장의 경우는 어찌할 것인가? 대개 이 지점에서 현장의 빌더들이 조이스트박스빔을 구조적으로 과신하는 경향성으로 많은 현장에서 조이스트박스빔을 채택하는 것이 솔직한 현실이다. 그렇다면 조이스트박스빔으로 채택된 현장의 경우는 대안이 없는가? 이 경우에는 조이스트(JOIST)를 조이스트트랙(JOIST-TRACK)으로 먼저 캡핑(CAPPING)한 후 I-JOIST 혹은 조이스트박스빔을 제작한다. 그런데 현장에 보급되는 조이스트트랙이 4,000mm이상 되지

【 목조자재로 래프터 방식으로 지붕을 시공 】

【 H-BEAM의 사용으로 롱스팬이 갖는 구조적 불안정성을 커버 】

않으므로 이 연결 부분은 반드시 600mm 이상의 조이스트로 연결 부위 보완 공정을 거친다. 이상에서의 작업 공정은 H-BEAM만 준비되어있다면 수행하지 않아도 될 작업 공정으로 H-BEAM의 사용에 익숙치않은 빌더들의 습관에서 비롯되는 소모적인 공정이 될 수 밖에 없다. 이러한 H-BEAM의 사용을 현장의 빌더들이 꺼려하는 데는 그만한 이유가 있는데 우선은 소량의 H-BEAM 자재를 별도로 구매하기가 여간 쉽지 않다는 점이고 또 하나는 스틸스터드와 H-BEAM의 결합디테일이 부재하다는데 그 이유가 있다. 이의 해결책으로 소량의 H-BEAM자재는 스틸스터드 자재메이커에서 일률적으로 공급하는 시스템이 절대적으로 필요할 것이며 스틸스터드와 H-BEAM의 현실적인 결합디테일이 연구개발 되어 구체적으로 샵드로잉에 표기되어야 할 것이다.

97. RC조의 유연한 활용

'스틸하우스는 시멘트가 사용되지 않는 건식공법이다.' 물론 스틸하우스 구조체가 스틸스터드로 이루어진다는 점에서 맞는 말이고 또한 미래의 건축기술이 건식으로 진행된다는 관점에서 적극 동의 할 수 있는 명제이다. 그러나 이 말이 "습식공법은 무조건 틀렸다거나 시대에 뒤 떨어진 공법이다" 라고까지 해석되어진다면 이는 스틸하우스의 발전에 긍정이 아닌 부정적인 요소로 작용할 공산이 크다. 스틸하우스에서 습식공법이 사용되어지는 지점은 우선은 바닥기초는 물론이고 2층 이상의 스틸빌라의 경우는 슬라브상판에 사용되며 온돌난방으로 인한 바닥 미장에서도 사용된다. 지하실의 경우 현재의 건축기술로는 습식공법만이 유일한 해결책이다. 또한 스틸하우스의 표현력의 다양성을 위해서는 노출콘크리트공법이 적극 채택되어야 하는 것이 솔직한 현실이다. 100% 건식공법을 지향할 수는 있으나 100% 건식공법을 채택 할 수 없는 것이 솔직한 우리의 자화상이다. 세상의 그 어떠한 건축공법도 장단점은 존재하기 마련이다. 21세기 주택공법의 최정상에 있는 스틸하우스도 그 안락한 쾌적성과 뛰어난 단열성과 차음성 등의 장점이 존재하나 그 단점도 존재하는 것이다. 이러한 단점은 타 건축공법을 빌려와서 그 해결책을 찾는 것이 유리하다. 이를테면 스틸빌라의 경우 진동과 층간 소음에 취약성을 보이는 조이스트구조체는 구조용 O.S.B 위에 80-120mm 콘크리트 상판 타설함으로써 이러한 취약성을 극복할 수 있는 것이고 단차가 있는 콘크리트 화장실 바닥체를 갖게 됨으로써 화장실의 방수기능을 배가시킬 수 있는 것이다. 지하실에 홈바나 주차장을 원하는 트랜드가 증가하는 이 시점에서 스틸스터드만으로 이러한 고객의 요구를 충족시킬 수는 없을 것이다. 21세기는 디자인 혁명의 시대이다. 산업디자이너 천영세의 6.9mm의 핸드폰을 보라. 기술력과 결합된 최첨단의 디자인만이 사람의 마음을 움직일 수 있는 것이다. 스틸하우스 건축에서도 뛰어난 스틸하우스 디자이너들의 활동으로 스틸하우스의 표현력과 예술성이 극대화되고 있다. 그렇다면 이들 스틸하우스 디자이너들의 작품에서는 스틸스터드만이 사용되고 있을까? 그들의 작품 속에선 구조체로서의 스틸스터드만이 아닌 공학목재나 구조용집성재, 노출콘크리트, 브릭, 징크판등 세상의 모든 건축소재가 구조체로서 혹은 내외장재로서 숨 쉬고 있는 것이다. 어떤 작품은 일부 외벽은 노출콘크리트로 디자인되어 있기도 하다. 세상에서 가장 진일보한 건축공법인 스틸하우스는 절대로 스틸하우스만을 고집하지 않는다. 오히려 모든 건축 소재나 건축 공법을 끌어안음으로서 열린 스틸하우스의 진보성이 발현되는 것이다.

【RC조 등 모든 건축소재나 건축공법을 수용함으로서 열린 스틸하우스의 진보성 창출】

【콘크리트 단차설계시스템이 적용된 스틸빌라】

98. 스틸하우스의 체크라인 점검구의 천공

건축이란 실제생활의 반영이며 점검의 연속이다.

스틸하우스는 이러한 입주자의 실제 생활과 점검 기능을 적극 표현한다. 실제 입주자의 인체공학에 맞춘 실내전기스위치, 콘센트의 높이, 그리고 입주자의 취향에 맞춘 윈도우나 도어의 배치등등 스틸하우스에서 입주자의 실제생활은 100% 발현되어진다.

그런데 스틸하우스 현장에서 종종 놓치는 부분이 이러한 실제생활에 극대한 영향을 미치는 전기배선과 상하수배관의 점검구의 설치이다. 사실 화장실, 다용도실 등에 천공된 점검구는 전기 배선 이상시의 활용만이 아니라 벤티레이션시스템의 점검과 지붕의 누수 여부 등의 확인 등 실제 생활과 긴밀한 밀접성을 가지고 있다. 상수배관의 경우엔 이중급수배관시스템의 도입으로 이러한 점검을 일상화 할 수 있으며 2층 이상의 스틸하우스에 설치된 외부 PT박스의 점검구 천공 역시 하수배관의 이상 여부를 점검 할 수 있는 최적의 시스템이다. 스틸하우스에서 점검구의 설치는 단순히 전기배선을 점검하는데 그치는 개념이 아니라 주택의 기능성을 보장하는 숨어있는 1인치 공간이라 할 수 있으며 스틸하우스의 상태를 점검하는 체크라인이라 할 수 있다. 그러므로 스틸하우스 빌더들은 점검구의 천공을 일상화 하도록 한다. 잭트러스가 설치된 곳도 반드시 내부에 홀을 천공하여 점검이 이루질 수 있도록 하는 세심한 배려가 필요하다. 스틸하우스의 체크라인 점검구의 천공의 선택이 아닌 필수이다.

【 점검구의 천공 】

99. 스틸하우스 계단실의 통풍시스템 설치

스틸하우스 계단실은 스틸하우스 빌더들에게 있어 최첨단의 건축공법이 적용되어 지점이다. 조이스트 계단, RC조 계단 구분없이 습식과 건식공법이 충돌하는 계단을 만드는 과정은 동일하지만 계단실의 통풍시스템을 설치하는 것도 매우 중요한 부분이다. 우선 계단실은 설계 당시 일조량을 면밀히 검토하여 그 위치를 설정한다. 일조량이 많은 위치라면 동절기엔 좋을지 몰라도 하절기엔 햇빛이 많이 드는 관계로 복사열이 증가하여 계단실이 더워지는 결과를 초래하는 단점이 있다. 계단실 하층의 더워진 공기는 상층으로 이동하는 대류의 성질은 갖는다. 그러므로 계단실은 상층으로 올라 갈수록 더워지고 상층에는 반드시 한 곳 이상의 윈도우를 설치한다. 아울러 그 지역의 건축허가 조건만 허락한다면 계단실을 한 층 더 건축하여 더운공기가 맨 위층에 모이도록 해주는 시스템을 갖추는 것이 최선의 방안이다. 물론 그 곳에도 통풍용 윈도우를 설치한다. 만약 건축허가 조건상 계단실을 위로 올리지 못한다면 계단실 천정에 강제벤티레이션 시스템을 설치하는 것도 아주 좋은 한 가지 방법이다. 이 경우 물론 경제적 비용이 추가되는 단점이 존재한다. 이와는 반대로 일조량이 적은 곳이라면 계단실엔 동절기를 대비하여 가능한 많은 창을 내도록하는 조치가 필요하다. 외부의 조망을 실내로 불러들이는 창호의 역할이 계단실에서 만큼은 통풍성의 극대화라는 기능성의 측면이 강조되어짐을 명심하여야 할 것이다.

【 외부 PIT박스에도 점검구를 설치 】

【 계단실을 본체보다 한층 더 높게 건축 】

100. 오픈형 복층 구조의 지양

스틸하우스 디자인 중 거실 1, 2층이 시원하게 틔여 있는 오픈형 복층 구조가 많은 전원주택 애호가들에게 선택되어지곤 한다. 건축이란 필수가 아닌 선택의 연속이다. 즉, 취사선택의 기여로 기로에서 일장일단의 그 무엇인가를 선택하여하는 과정연속이다. 오픈형 복층구조는 내외부 디자인의 미적 측면을 향상 시키는 장점이 있으나 겨울철 엄청난 에너지 손실이 발생하는 큰 단점이 있다.

그 이유는 따뜻한 공기는 위로 이동하고 찬 공기는 아래로 내려오는 대류의 법칙 때문이다. 바로 여기에서 오픈형 복층 구조의 지양이 얘기되어지는 것이다. 만약 그러함에도 오픈형 복층구조를 채택한다면 다음의 여러 조치들을 강구할 필요성이 있다.

첫째, 보일러난방시스템은 가능한 심야전기보일러를 채택한다. 이는 심야전기보일러가 에너지가 많이 소모되는 곳에서는 기름보일러에 비해 상대적으로 경제적이기 때문이다.

둘째, 하절기를 대비하여 거실 양쪽에 통풍용 창호를 설치한다. 그런데 이 경우 부득이하게 2층의 높은 곳에 창호가 설치된다면 경제적 추가비용이 발생하더라도 반드시 자동 배연창을 설치하여 1층 거실에서 스위치 작동만으로 2층의 창호가 자동개폐 되도록 한다.

셋째, 1층과 2층의 거실 조명은 가능한 실링팬 방식의 조명을 설치한다.

겨울철 실링팬이 작동하여 상부의 따뜻한 공기를 아래로 내려보내 강제로 대류를 순환시키는 역할을 하기 때문이다.

【계단실을 본체보다 한층 더 높게 건축】

101. 스틸빌라에는 세대 간 벽체시스템의 적용하라.

스틸빌라의 벽체시스템을 일반 스틸하우스 주택처럼 설계하는 경우가 왕왕 목격되곤 한다. 이는 스틸빌라의 각 세대간 프라이버시를 침해할뿐더러 화재시 각 세대간 방화벽의 역할이 부정되는 오류를 발생한다. 스틸빌라의 각 세대 간 벽 만큼은 반드시 세대간 벽체시스템을 사용하도록 한다. 스틸빌라 세대간 벽체시스템의 구성은 다음과 같이 설치한다. 90mm 스터드를 각각 두 겹으로 설치하고 각각의 벽체에 12T 석고보드로 2PLY 시공을 한다. 이때 반드시 두 스터드 사이엔 일정한 정도의 공기층을 두도록 한다. 이렇게 설치된 스틸빌라 세대간 벽체시스템은 단열성의 향상과 아울러 세대 간 소음을 제어하고 화재 발생시 방화벽으로서의 제 기능을 충실히 수행할 수 있을 것이다.

* 본 서의 내용중 일부는 저자가 『전원주택저널』에 기고한 내용을 재구성하였음.